René de REALS

Directeur du Dépôt d'Etalons de LA ROCHE-sur-YON

Stud-Book
Vendéen & Charentais

Les Etalons classés par Famille

Cet ouvrage est orné de 74 photographies des principaux reproducteurs
ayant contribué à la formation de la race.

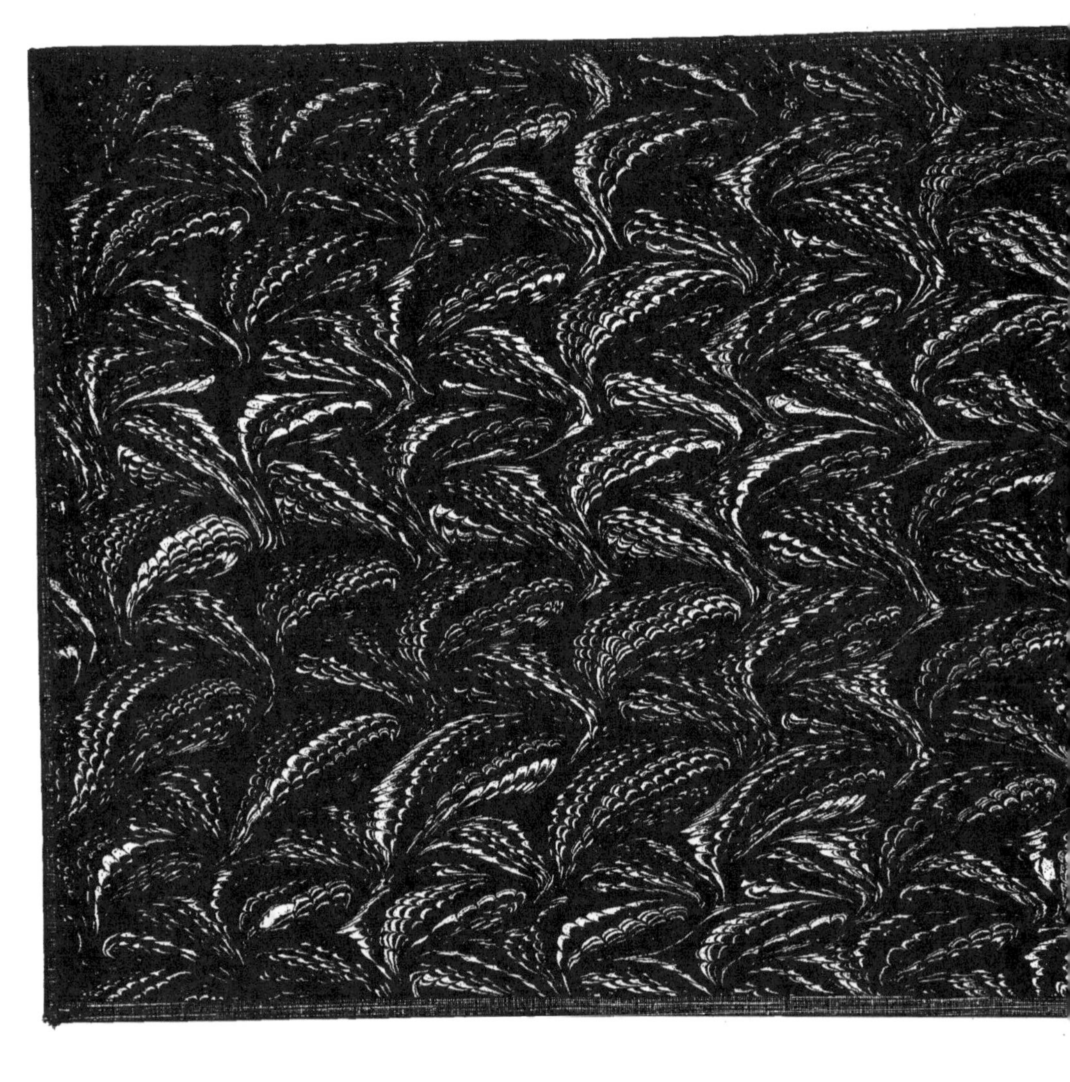

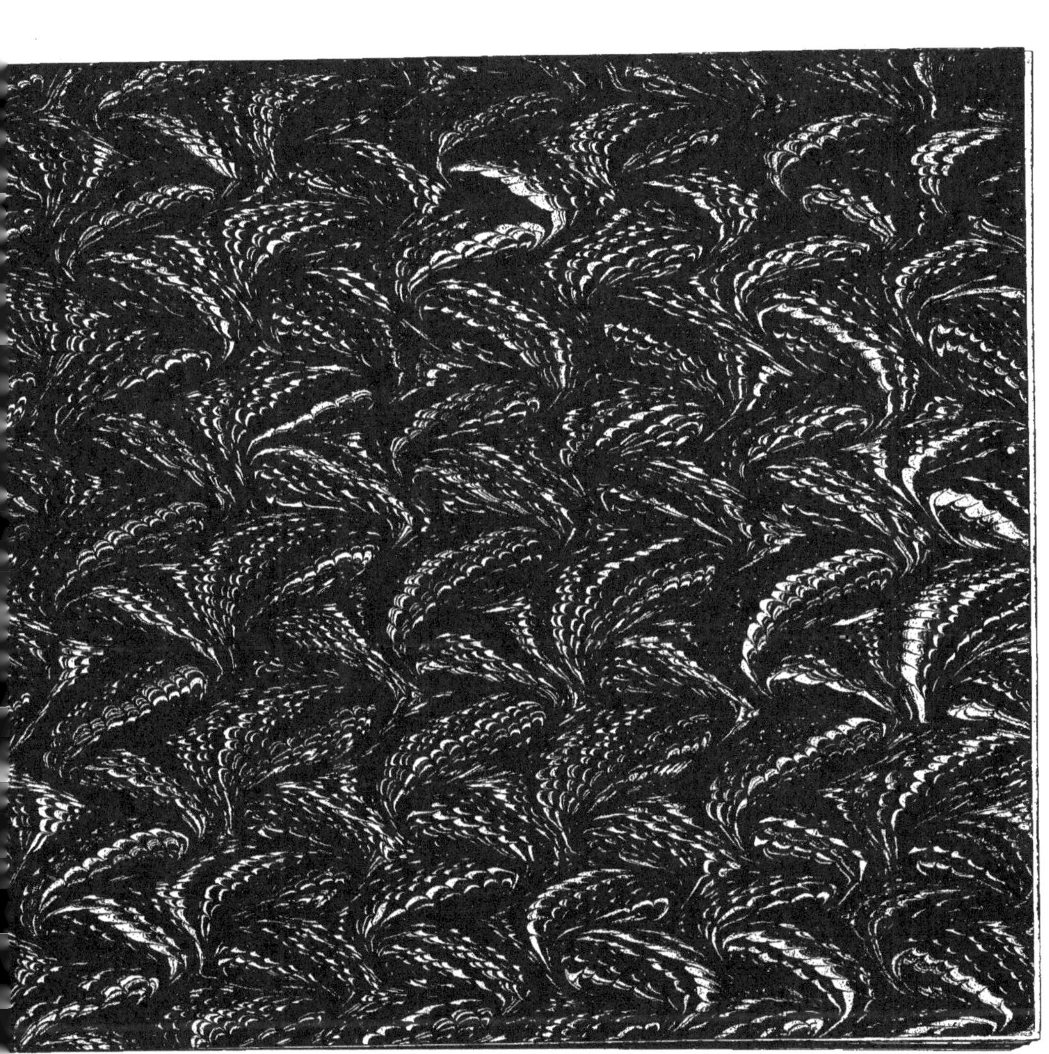

Stud-Book

Vendéen et Charentais

René de Réals
Directeur du dépôt d'étalons de la Roche-sur-Yon

Stud-Book
Vendéen et Charentais

Classement par famille des étalons employés dans les circonscriptions des dépôts d'étalons de la Roche et de Saintes.

Leur emploi aux diverses époques.

Caractères des principaux d'entre eux.

Ouvrage orné de 74 photographies

1913

Introduction.

Il faut aujourd'hui, pour que l'industrie chevaline puisse être rémunératrice, s'efforcer de faire naître un animal apte à un service déterminé.

La règle de la spécialisation s'impose plus que jamais et la production d'un poulain, sans un but précis, avec l'espoir qu'il trouvera toujours plus tard son emploi, ne saurait donner à l'éleveur que des déceptions.

Quelle que soit l'aptitude cherchée, le jeune cheval sera le résultat de 3 facteurs : le père, la mère et la nourriture, étant donné que ce dernier terme comprend le sol sur lequel l'herbe pousse, l'air que l'animal respire, le milieu en un mot dans lequel il vit.

Chaque cultivateur connaît sa ferme ; il sait si la richesse de la terre, la nature de la culture lui permettent de se livrer à l'élevage de tel ou tel type.

Il connaît aussi la conformation de la jument qu'il a entre les mains et il a aperçu à la station voisine l'étalon qu'il a l'intention de lui donner ; mais il ignore le plus souvent l'origine de ces reproducteurs.

Aussi, il considère seulement les caractères des individualités qu'il accouple.

Or, ces caractères ne se reproduisent avec certitude que s'ils existaient déjà chez les ancêtres.

Il commet donc une erreur lorsqu'il ne se préoccupe pas d'examiner la généalogie des animaux qu'il emploie.

L'étude en est parfois très compliquée, particulièrement en ce qui concerne les familles de demi-sang. Issus du métissage, les chevaux qui les composent ont des aïeux qui, appartenant à des races diverses, ont été inscrits dans des stud-books différents ; il faut donc pouvoir consulter ces divers ouvrages. Il est parfois difficile, toujours onéreux, de se les procurer ; en outre leur étude est longue.

Il m'a semblé qu'il pouvait être avantageux, pour les éleveurs de la Vendée et des Charentes, de trouver réunies dans un même volume les origines de tous les reproducteurs ayant contribué ou contribuant actuellement à la formation de la race de leur pays, les recherches généalogiques, devant, de ce fait, être très simplifiées.

J'ai cru qu'en groupant les étalons par familles et en faisant figurer dans l'ouvrage les photographies des principaux d'entre eux, il serait possible de donner une idée des qualités et des défauts qui sont l'apanage de chaque descendance.

Monsieur Ollivier, inspecteur général du 3ᵉ arrondissement des Haras, a bien voulu mettre à ma disposition quelques spécimens d'anciens types ayant particulièrement marqué, il me permettra j'espère, de le remercier ici d'avoir bien voulu me communiquer ces precieux documents que je suis heureux de reproduire.

L'examen des origines de la race vendéenne et charentaise permet facilement de se rendre compte qu'elle n'est qu'une branche de la famille normande. Aussi, j'ai pris comme base pour son étude le stud-book normand du Colonel Couste et j'ai suivi les mêmes divisions.

1° les fils de Matchem

2° les fils d'Hérod

3° les fils d'Eclipse

4° les chevaux de demi-sang anglais.

5° les chevaux de demi-sang étrangers.

6° les chevaux orientaux

7° les chevaux de demi-sang du midi.

8° les chevaux pour lesquels la filiation n'a pu être poussée assez loin pour permettre de les rattacher à une des familles mentionnées antérieurement.

9° les animaux d'origine douteuse.

Je me considérerai comme amplement récompensé du travail fourni, si la consultation de cet ouvrage permet aux éleveurs quelques accouplements heureux et si sa publication attire l'attention des acheteurs sur un pays qui peut, s'il le veut, produire les 2 types de chevaux de demi-sang recherchés aujourd'hui :

l'animal de selle pour poids lourd dans le marais ;

l'artilleur dans les régions où le cheval est employé à la culture, particulièrement le nord de la Loire-Inférieure.

La Roche-sur-Yon, le 15 Avril 1913.

René de Réals

Directeur du dépôt d'étalons de la Roche-sur-Yon.

Note explicative.

Les noms de tous les animaux de pur sang sont écrits en petite bâtarde. Ceux des étalons sont toujours accompagnés de la date de leur naissance ; au-dessous d'eux se trouvent ceux de leurs mères et entre parenthèses "au dessous de ceux-ci" les noms des pères de ces dernières.

Les noms des étalons de demi-sang sont transcrits en grande bâtarde ; la date de naissance est mentionnée à côté de chacun d'eux. Au dessous, en ronde, le nom de leur grand-père maternel est porté.

Ceux de tous les chevaux ayant été employés dans la région vendéenne et charentaise sont suivis de la lettre indiquant le dépôt où ils ont séjourné :

St M¹ pour Saint-Maixent.

R. pour La Roche.

S. pour Saintes.

En outre, au nom de leur grand-père maternel, est jointe l'indication de sa race.

Par suite, ceux qui ne sont accompagnés d'aucune de ces mentions concernent des reproducteurs qui n'ont pas été utilisés dans le pays en question et qui figurent dans l'ouvrage seulement pour établir la ligne généalogique.

Dans le cas où un étalon a plusieurs pères putatifs, le nom de celui à la famille duquel il n'est pas rattaché figure au dessous de son nom et au dessous de celui de son grand-père maternel avec la mention ou ainsi : page 1², col. 2. — Virage est par Fuschia ou Moonlighter.

Tous les fils d'un étalon sont inscrits dans la colonne qui suit immédiatement celle où lui-même figure.

Leurs descendants sont mentionnés dans la colonne suivante et ainsi de suite.

Lorsque la liste des fils d'un cheval est épuisée, les colonnes contenant leurs noms et celui de leur père, sont barrées par un trait horizontal.

Pour réduire les dimensions de l'ouvrage un certain nombre d'ascendants sont souvent portés dans la même colonne ; leurs noms sont alors écrits verticalement.

Lorsque tous les fils d'un étalon, n'ont pu figurer dans une page, le nom de l'étalon est reporté à la page suivante, mais il n'est pas, dans ce cas, accompagné de celui de la mère.

Pour consulter le stud-book il suffit de chercher le cheval dont on veut connaître l'origine à la table alphabétique.

On trouve, en regard de son nom, 3 nombres : le premier indique la date de sa naissance ; le deuxième la page où il se trouve inscrit, le troisième la colonne qu'il occupe dans cette page.

En outre, les noms des animaux dont les photographies sont reproduites dans l'ouvrage sont suivis de la lettre P.

Abréviations :

Jt Norm.	veut dire	Jument normande	ar.	veut dire	arabe
Jt Vend.	d°	Jument vendéenne	a. ar.	d°	anglo-arabe
Jt ½ s.n.	d°	Jument ½ sang normand	p. s.	d°	pur-sang
Jt Char.	d°	Jument charentaise	app.	d°	approuvé
Jt Lim.	d°	Jument limousine	aut.	d°	autorisé
½ s.n.	d°	½ sang normand	acc.	d°	accepté
½ s.v.	d°	½ sang vendéen	R.	d°	La Roche
½ s. ang. ou ½ s. an	d°	½ sang anglais	S.	d°	Saintes
½ s. big.	d°	½ sang bigourdan	St M¹	d°	St Maixent
½ s. meck.	d°	½ sang mecklembourgeois			
½ s. all.	d°	½ sang allemand			
½ s. am.	d°	½ sang américain			

Errata.

Page 10 col. 3 au lieu de Uzbeck   lire   Uzbeck
„ 13 „ 2 „ Nicoler „ Nicolet
„ 16 „ 3 „ Beauvoir ½ s. n „ Beauvoir ½ s. o.
„ 16 „ 2 „ Karibou „ Karibon
„ 19 „ 7 „ Beauvoir ½ s. n „ Beauvoir ½ s. o.
„ 30 „ 4 „ Tignis „ Tigris
„ 32 „ 2 „ Kronstadt „ Kronstadt
„ 36 „ 3 — Le trait au-dessous de Madras doit-être supprimé Andard étant fils de Madras
„ 44 „ 2 „ Happazard   lire   Haphazard
„ 54 „ 3 „ Karibou „ Karibon
„ 74 „ 2 „ 39 Emule „ 30 Emule
„ 89 „ 4 „ 85 Zouave „ 55 Zouave
„ 94 „ 2 „ Rosalina „ Rosalind
„ 110 „ 7 — Par suite d'une erreur de cadre Fataliste semble indiqué par Milan I et Mlle de Fligny ; il est par Le Sarrazin et Mlle de Fligny.

Page 112 col. 4 — William n'est pas par Royal-Oak mais par Tarrare ; son origine est indiquée à la page 120, colonne 3.
„ 122 „ 5 au lieu de 50 Arcis   lire   56 Arcis
„ 141 „ 1 „ The Hairy S. „ The Hairy R.
„ 146 „ 1 „ Shamrock ½ s. aut. „ Shamrock ½ s. am.

Addenda

Page 10 col. 2 à la suite de Pierre le Grand   ajouter   R.
„ 10 „ 3 „ Ventre St Gris „ R.
„ 11 „ 2 „ St Jean de Monts „ R.
„ 11 „ 3 „ Villaines Vezot „ S.
„ 30 „ 3 „ Reprobateur „ R.
„ 46 „ 4 „ Printemps „ R.
„ 86 „ 6 „ Jaguar „ R.
„ 110 „ 6 au dessous de Diadème „ The Jugler
„ 122 „ 7 à la suite d'Hétéroclite „ S.
„ 122 „ 5 „ de Troubadour „ R.

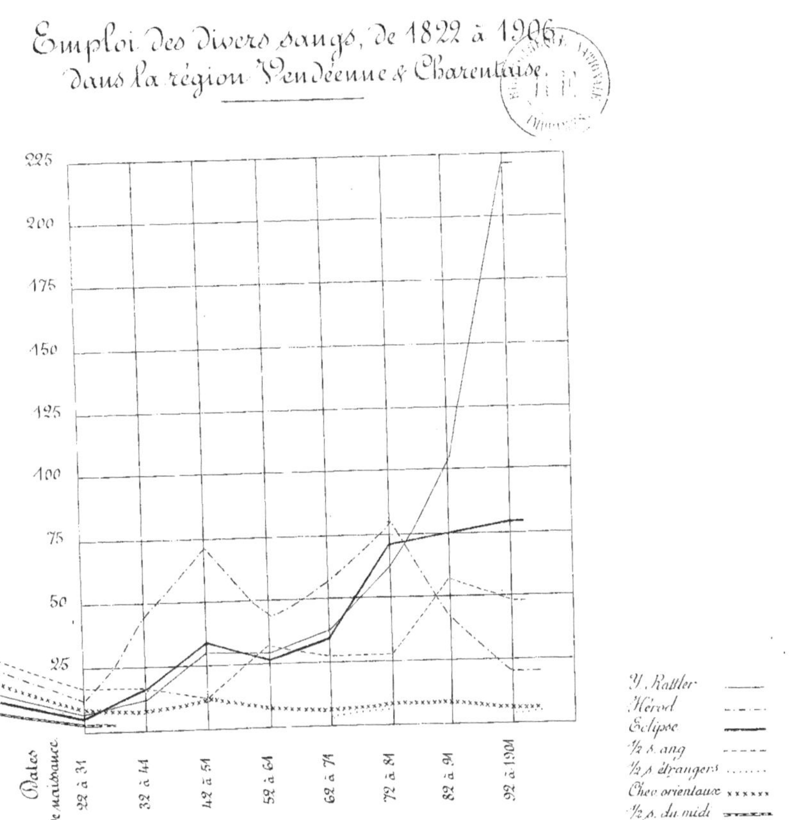

Emploi des divers sangs, de 1822 à 1906,
dans la région Vendéenne & Charentaise.
225
200
175
150
125
100
75
50
25
Dates de naissance
22 à 31
32 à 44
42 à 54
52 à 64
62 à 74
72 à 84
82 à 94
92 à 1904
Y. Rattler
Hérod
Eclipse
½ s. ang
½ s. étrangers
Chev. orientaux
½ s. du midi
s. étrangers

Emploi dans la région Vendéenne et Charentaise, de 1822 à 1906, des Étalons du sang de
Y. Rattler

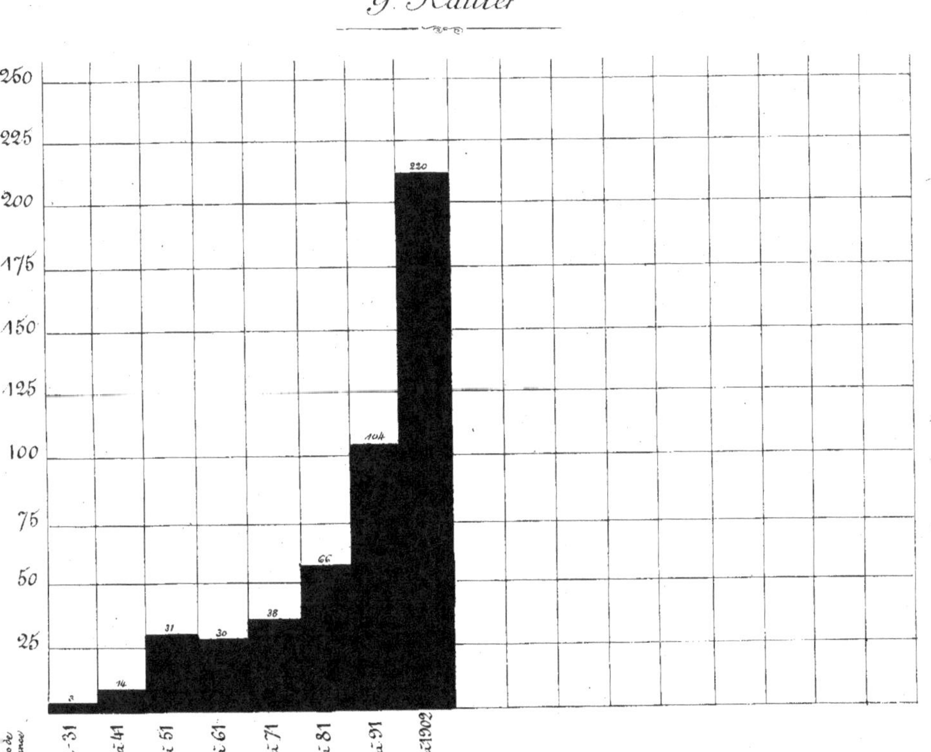

Les 506 étalons du sang de Y. Rattler qui ont fait la monte
dans la région vendéenne et charentaise de 1822 à 1906,
se divisent ainsi :

Impérieux — 291 —
Voltaire — 236 —
Kapirat — 202 —
Conquérant 140
Reynolds 103
Fuschia 98
Mars 25
Mariage 16
Divers 57
Quinola 12
Arcole 11
Divers 5
Divers 1
Divers 35
Kapirat II 53
Divers 9
Nemrod 23
Divers 11
Homère 32
Kaspoular 9
Divers 14

Xerxès — 188 —
Ganymède — 188 —
Québec — 146 —
Disus — 143 —
Normand — 138 —
Cherbourg 80
Juvigny 11
Tempignan 5
Rabucho 6
Xenisberg 5
Divers 50
Serpolet Bui 1ᵉ
Albanais 13
Divers 33
Divers 5
Divers 5
Divers 42
Divers 27

Des caractères propres aux animaux de la famille de Y. Rattler.

Y. Rattler — Étalon de chasse anglais, né en 1811, était bai marron et avait 1^m 54. Il fut acheté en Angleterre à Lord Foley par M. Strudberg et ramené au Pin le 14 Mai 1820.

Ses jarrets quoique forts n'étaient pas tout-à-fait assez larges, ses canons antérieurs n'étaient pas assez fournis et il transmettait fréquemment ce dernier défaut à ses produits; mais il avait une belle tête, une belle encolure, de bonnes épaules, de beaux avant-bras; il était très bon dans son dos, son rein et sa croupe et ses poulains héritaient de ses qualités.

Les poulinières sorties de lui étaient solidement bâties et d'un bon tempérament.

1ère Branche.

Impérieux — Voltaire — Kapirat — Conquérant — Reynolds
Fuschia — Mars — Marengo.

Impérieux — C'était un bel étalon parfaitement conformé, distingué, auquel on reprochait seulement d'être un peu léger dans les canons et pas très bon dans l'épaule. Ses produits étaient distingués, élégants, mais n'avaient pas tout-à-fait assez de membres.

Voltaire — De robe bai marron 1^m 62 — ce cheval était très élégant, très bon dans sa poitrine, ses reins et ses hanches, mais laissait à désirer dans son dessous un peu léger particulièrement dans ses canons.

Conquérant — Acheté à M. Basly de St Contest, ce cheval était considéré comme bien léger pour un étalon, mais son élégance et ses allures remarquables le faisaient apprécier.

Fuschia — Assez bien fait dans l'avant-main, il était un peu limité dans la croupe, pas assez fourni dans le milieu, péchait dans la qualité de son dessous pas assez trempé et médiocrement d'aplomb. Ses aptitudes trotteuses, qu'il donnait à ses produits, lui ont valu d'être accouplé avec les meilleures juments; aussi il a souvent produit mieux que lui.

Marc — Remarquable par sa musculature, il donnait une grande impression de force, mais sa tête était trop volumineuse, son dessous, particulièrement ses jarrets, s'était fatigué de bonne heure et, si ses allures étaient puissantes, elles manquaient d'étendue spécialement au pas.

Marengo — Un peu plat, un peu effacé, avec des jarrets un peu loin et ouverts, il était un peu efféminé, mais il était élégant, bien fait par devant et transmettait ces qualités à ses produits.

Cette branche a été exclusivement sélectionnée sur la vitesse au trot; les animaux qui la composent ont été et sont encore recherchés pour faire des animaux d'hippodrome. — Elle est surtout utile pour cette spécialité.

Impérieux _ Voltaire _ Kapirat _ Conquérant _ Quinola _ Arcole.

Né à Pont-Audemer, Arcole était un trotteur d'ordre modeste, pas assez fourni dessous, rond, avec une encolure un peu courte, mais près de terre et ayant de bonnes allures.

Il a été presque constamment placé à la station de St Étienne-de-Montluc où il a toujours été bien employé; il a bien produit. Ses fils étaient comme lui, un peu ronds, mais avaient de l'ampleur; ses filles ont été d'excellentes poulinières et ont transmis généralement des jarrets bien orientés.

Impérieux _ Voltaire _ Kapirat _ Kapirat II.

Né dans la Manche, Kapirat II était un bel animal, avec l'aspect d'un père, de l'encolure; des épaules, des hanches longues et bien placées, la poitrine descendue; on lui reprochait des jarrets loin, coudés et un peu rapprochés qu'il a souvent transmis.

Après avoir été placé la première année à Machecoul, il a été envoyé à Ste Gervais où il est resté jusqu'à sa mort.

Son influence sur la race vendéenne a été tout-à-fait prépondérante. Un grand nombre de ses fils et de ses petits fils ont été employés dans la région et si, en 1.906, sa descendance par les mâles est peu représentée, son action se continue par les mères dans le pédigrée des meilleures desquelles sa présence est presque toujours constatée.

Impérieux — Voltaire — Nemrod — Bisson — Gouverneur — Terme.

Né à Fréville, arrondissement de Valognes (Manche) et vendu par M. Brion, Terme est un des étalons dont le nom se retrouve fréquemment dans les origines vendéennes. Il avait beaucoup d'ampleur et de puissance, un excellent tempérament, de la régularité, mais son épaule était peu accusée, ses rayons postérieurs trop brefs et il manquait surtout de moyens. — C'est aussi une des caractéristiques de sa descendance qui est éteinte en ligne mâle, mais dont l'action se fait encore sentir par les femelles. Beaucoup de ses descendantes réussissent particulièrement bien avec le cheval de pur sang.

Impérieux — Homère.

Le sang d'Homère a laissé peu de traces en Vendée, bien qu'un certain nombre de ses produits y ait fait la monte. Parmi eux Grand Papa, qui a été utilisé à St Gervais et son fils Merveilleux, placé à Machecoul, sont les plus connus. — Le premier était un très bel animal, distingué et marchant très bien qui, malheureusement, a disparu rapidement; le second était très régulier, très harmonieux, mais on lui aurait voulu des allures plus actives.

2ème Branche.

Xerxès — Ganymède — Québec — Divus — Normand — Cherbourg. Koenigsberg — Pompignac.

Xerxès — C'était un étalon de premier ordre par sa conformation et son sang: il donnait de la force dans les membres et du gros à ses produits.

Ganymède — Acheté à M. Basly, de St Contest, par M. de Coëtdihuel, il avait de belles allures et beaucoup d'énergie, mais sa poitrine et son dessous auraient pu être meilleurs.

Québec — C'était un très beau carossier, avec de la trempe, mais malheureusement un peu léger dessous. — Ses produits avaient de la taille, de belles lignes et plus de membres que lui

Normand — D'un modèle très distingué, bien fait dans l'avant-main sans être tout à fait assez ample derrière, c'était un très bel animal, remarquable comme type et manière de produire. Il a été un des meilleurs trotteurs de son temps.

Cherbourg — Un peu court pour sa hauteur; un peu léger dans ses membres antérieurs, il était remarquablement musclé dans son corps et avait des allures exceptionnellement hautes et étendues. Il a produit admirablement au point de vue carrossier.

Koenigsberg — Son dessous aurait pu être plus fourni mais c'était un très joli cheval, distingué, harmonieux, puissant dans son corps, avec l'encolure haute et de belles actions.

Pompignac — C'était un beau cheval, bien suivi, bon dans l'épaule et la poitrine et marchant très bien ; on lui aurait voulu une physionomie plus énergique et surtout plus d'ampleur dans l'arrière-main ; sa production laisse aussi parfois à désirer dans cette partie.

Presque tous les sujets de cette branche ont eu des actions d'une hauteur exceptionnelle et ont produit des animaux très brillants à l'attelage. On peut considérer que leurs aptitudes pour ce service sont tout à fait spéciales.

Xerxès — **Ganymède** — **Québec** — **Odious** — **Normand** — **Albraux**.

Albraux — Né en Maine-et-Loire — C'était un très joli cheval, bien accentué, distingué, en même temps que très musculeux, bien fait par-devant avec des actions rares, une énergie et une trempe exceptionnelles ; on lui reprochait ses jarrets qui auraient pu être plus nets intérieurement. Un de ses fils Imprévu a procréé dans la circonscription de Saintes de très jolis chevaux.

MONTIGNY, pur sang angl.
par BOISSY & GUADIX, 1 m. 66 - noir - né en 1889
chez M. PAINE, à MONTIGNY (Sarthe)

Matchem 1748.

— Tableau indiquant la filiation des chevaux de pur-sang de la famille de Matchem qui ont fait ou font actuellement la monte dans la région vendéenne et charentaise.

1767 Conductor Snap mare	1796 Sorcerer Y. Giantess (Diomed)	1806 Thunderbolt Woroski 1819 Belmont- Fanina		1834 Hableur a ar. R Valide ar	
		1808 Truffle Momby Lass 1816 Champignon Maria 1827 Steamer Salvador		1842 Stoker (S) Motley (Pantaloon)	
		1829 Comus Houghton Lass 1829 Humphrey Clinker Pinkerton 1834 Melbourne Cervantes mare	1850 West-Australian Rowena 1861 Solon Mère de Darling 1878 Baraldine Ballyroe	1887 Marion Chaplet (Beadsman)	1893 Laruns (R) Larkspur (Skylark)
				1892 Formidable II (R) Fennel (Rosicrucian)	
			1850 West-Australian 1864 King-Alas Rosati	1874 Verdun Wenus in red 1881 Boissy Belle Étoile	1889 Montigny R. Gundix (Nuneham)
				1875 Meurt Mlle de Cougeix	91 Tourne Toujours (aut) R Toupie (Saxifrage)
				1881 Raymond (S) Cantine (Yarmouth)	
			1850 West-Australian	1865 Sedan (R) Silistrie (Surplice)	

Tableau indiquant la filiation des chevaux de pur sang de la famille de Matchem qui ont fait ou font actuellement la monte dans la région vendéenne et charentaise.

1767 Conductor	1796 Sorcerer 1809 Comus 1822 Humphrey Clinker 1834 Melbourne	1851 Royalist (R.) Her Royal Highness (Vélocipède)						
	1796 Sorcerer 1810 Smolenske Wronski 1821 Jerry Louisa 1829 Tomboy Andrassan mare	1840 Nutwith Comus mare 1850 Cobnut Glenara 1866 Florentin Florence	1885 Fleuriste (R.) La Violette (Le Petit Caporal)					
		1843 Fancy-Boy Mulej mare	1850 Florist (R.) Malay (Mulatto)					

1767 Conducteur 96 Laveur		1809 Comus	1822 Humphrey Clinker 34 Melbourne 50 West-Australian	62 Badgad Y. Lady	72 Sir Régis Mireille	82 Lasbordes S. Dahabi p.s.ar.	
					76 Hippomène Mogador	84 Aramis (ap) Conquérant	96 Sénateur (ap) S. Qui-Vive ½ s.n.
							97 Toujours R. Cherbourg ½ s.n.
			64 Ruy-Blas 71 Verdun		87 Le Gourzy Ste Lucie	96 Satan R. Jarnac ½ s.n.	
						96 Sedan S. Fred Archer ½ s.n.	
		1815 Reveller	1830 Y. Reveller Scornfull				
	1810 Inchenoke 21 Jerry 29 Bombay 40 Nuthwith 50 Cobnut	69 Médicis Florence	76 Varlet R. Jt. Norm.				
1773 Magnum Bonum 84 Old Rattler Rattler		1811 Y. Rattler Snap mare	21 Hamilton Highflyer ½ s.ang.	29 Saumon Emilius	44 Kair R. Y. Simmetry ½ s.ang.		
				31 Cuirassier S.M. Aimable ½ s.n.	40 Ballon S.M. Jt. Poitevine		
			22 Abraham R. Highflyer ½ s.ang.				

22 Impérieux Volontaire	29 Rhéteur Emilius	42 Indiscret S.m.a.s. Prosélyte 1/2 s.ang.				
	33 Voltaire Pilot 1/2 s. ang.	39 Fanfare Railleur	48 Paisible R. Pick-Pocket			
		39 Gallion Y. Rattler 1/2 s. ang.	47 Nelson Royal-Georges	59 Disciple R. Pégase 1/2 s.n.		
			49 Piquillo Harlequin	56. Arreau S.m.t N.t Norm:		
		41 Héraclius S.m.a.s Héraclius 1/2 s. ang.				
		41 Hilaire Nerestan	48 Odon S. N.t 1/2 sang.			
		41 Honorable Emule	50 Quadrupède S. Impérieux 1/2 s.n.			
		42 Intendant S.m. Cleveland 1/2 s. ang. R.a.s.				
		43 Joannès R. Nerestan 1/2 s.n.				
		43 Joubert S. the Juggler				
		44 Kadisch R. the Juggler				
		44 Kurde Y. Topper 1/2 s. ang.	49 Puissant R. Sir Henry Dimsdale 1/2 sang			

PHÉBUS, 1/2 sang,
par ARCOLE & QUETTY, par NIQUE, 1 m.61 - Bai - né en 1863
chez M. MAUGENDRE, J. à NOUÉE (Loire-Infre.)

29 Impérieux 33 Voltaire	44 Kapirat The Juggler	58 Conquérant Corsair 1/2 s. ang.	64 Ibrahim S. Performer 1/2 s. ang.	75 Triton (ap) R. R.		
			66 Longchamps R. La Bérionne 1/2 s. n.			
			66 Kilomètre The Norfolk Phoenomenon 1/2 s. ang.	73 Ruysdaël S. Prince 1/2 s. n.		
			70 Ornement Brocardo	77 Vallahi R. Father-Thames		
			71 Passe-Partout S. Jr. Norm.			
			72 Quinola Schamyl	78 Arcole R. Ypsilanty 1/2 s. n.	83 Freluquet S. Kapirat II 1/2 s. n.	88 Kléber R. Parry
					84 Gravier (ap) R. Abrantès 1/2 s. n.	96 Solférino (aut) R. R.
					86 Hique R. Jr. Vend.	
					87 Jadis S. Messager 1/2 s. n.	
					88 Kasimir S. Nectar 1/2 s. n.	
					91 Nalliers R. Pactole 1/2 s. n.	
					93 Phébus R. Hique 1/2 s. n.	
					95 Rameau II S. Kapirat II 1/2 s. n.	

22 Imperieux / 33 Voltaire / 44 Kapirat / 58 Conquérant					
	72 Quinola Schamyl	80 Cabel S. Neville ½ s.n.		95 Revreog R. Brigadier ½ s.v.	
	73 Reynolds R. d'nor Miss Pierce par Succes ½ s.n.	83 Fuschia Lavater	90 Mars R. Albrant ½ s.	95 Rossignol R. Printemps	
				95 Réveillon S. Quinconce ½ s.v.	1902 Clion S. Quibbler ½ s.n.
				96 Sot l'y laisse R. Vanité ½ s.v.	
				96 Serpolet R. Kapirat II ½ s.n.	
				97 Tout-Atout R. Kapirat II ½ s.n.	
				97 Trouville R. Quinconce ½ s.v.	1902 Chantonnay R. Hérode ½ s.v.
				97 Tournesol R. Arcole ½ s.v.	
				98 Utile R. Quinconce ½ s.v.	
				98 Urbain II R. Qu'en dira-t-on ½ s.n.	
				98 Uruguay R. Vanité ½ s.v.	

6 ter

TROUVILLE, 1/2 sang

par MARS & ALTESSE, par QUINCONCE, 1 m. 65 - Bai marron - né le 15 Mars 1897
chez M. BONIN à GRUES (Vendée)

6 ter

TOURNESOL, 1/2 sang

par MARS & VIOLETTE, par ARCOLE, 1 m. 60 - Bai marron - né le 11 Avril 1897
chez M. HOUSSEAU. JULES. à Ste LUCE (Loire-Inf^{re})

6 ter

REVROCQ, 1/2 sang

par MARS & BRIGADIÈRE, par BRIGADIER 1 m. 63 - Bai - né en 1895
chez M. RICHARD, à S^t CYR - en - TALMONDAIS (Vendée)

SERPOLET, 1/2 sang

par MARS & VALENTINE, par KAPIRAT II. 1 m. 61 - Bai châtain - né en 1896
chez M. PÉPIN à JARD (Vendée)

MARS, 1/2 sang

par FUSCHIA & GUINÉE, par ALBRANT, 1 m. 60 - Bai brun - né le 21 Avril 1896
chez M. GAUVREAU, à ANGLES (Vendée)

22 Impérieux 33 Voltaire 44 Kapirat 58 Conquérant 73 Reynolds 83 Fuschia	30 Mars	98 Uritus R. Quinconce ½ p.v.					
		98 Uniforme R. Roussillon. p.a.a.ar.					
		99 Vilant R. Novus ½ p.n.					
		99 Visu R. Quinconce ½ p.v.					
		99 Vaporeux S. Albrant ½ p.					
		99 Vas-y- S. Marengo ½ p.n.					
		1900 Artiste R. Arcole ½ p.n.					
		1900 Ajou R. Roussillon p.a.a.ar.					
		1901 Bègue R. Hérode ½ p.n.					
		1901 Beaumanoir Cherbourg ½ p.n. R.(ap)					
		1902 Chassenon R. Cherbourg ½ p.n.					
		1902 Clos Vieux R. Quinconce ½ p.n.					

22 Impérieux 33 Voltaire 44 Kapirat 58 Conquérant 73 Reynolds 83 Fuschia	90 Marengo R. Serpolet-Bai 1/2 s.n.	95 Ravissant R. Pactole 1/2 s.n.	1900 Accroc S. Helvétius 1/2 s.n.			
			1900 Amiante S. Helvétius 1/2 s.n.			
			1900 Arroi S. Julien 1/2 s.n.			
			1901 Bab. R. Haut-Huppé 1/2 s.n.			
		95 Ricard R. Le Lion				
		95 Rossignol (ap) R. Kapirat II 1/2 s.n.				
		95 Robin des Bois R. Kapirat II 1/2 s.n.				
		96 Soliman R. Thuriféraire 1/2 s.n.				
		96 St Gervais S. Jourdan 1/2 s.n.				
		96 Socialiste (ap) R. Kapirat II 1/2 s.n.				
		97 Tibulle R. Kapirat II 1/2 s.n.				
		97 Tattersall R. Kapirat II 1/2 s.n.				
		98 Usager S. Jourdan 1/2 s.n.				
		99 Veux-tu S. Kilomètre 1/2 s.n.				
		1900 Anis R. Kapirat II 1/2 s.n.				

9 bis

SALVATOR, 1 2 sang,

par NANGIS & LOETITA, par SAN STÉFANO (p. s. a.), 1 m. 59 - alex doré - né en 1896
chez M. BLANDINEAU STANISLAS à BEAUVOIR - SUR - MER (Vendée)

9 bis

VENNES, 1/2 sang,

par NOVICE & FLEURISSANTE par ETUDIANT 1 m. 61 - alez - né en 1899
à MARCHEMAISONS (Orne)

90 Moonlighter ^(ap) Pompier	98 Utrecht R. Arcole 1/2 p.n.	
91 Nangis R. Abrantès 1/2 p.n.	96 Salvator R. San Stéfano	
	96 St Urbain (ap) R. Le Lion	
91 Novice Niger	98 Unicus II R. Cherbourg 1/2 p.n.	
	99 Vennes R. Studiant 1/2 p.n.	
	99 Warwick R Marley 1/2 p.n.	
91 Nez Vichnou	98 Ursus R. Kriss 1/2 p.n.	
	1902 Corny S. Edimbourg 1/2 p.n.	
91 Marquois Niger	97 Tant-Mieux (ap) R Fontenay 1/2 p.n.	
	99 Velox S. Domino Noir 1/2 p.n.	
92 Orphelin R. Cicéron II 1/2 p.n.		
92 Oran Serpolet - Bai	97 Tyrol Phaéton	1902 Champigny S. Galba 1/2 p.n.

22 Impérieux / 33 Voltaire / 44 Kapurut / 58 Conquérant / 73 Reynolds / 83 Fuschia	92 Othon Héliotrope	99 Valentin S. Jean de Nivelle ½ s. n.
	92 Orient Phaëton	98 Ulcéré R. Espoir ½ s. n.
		99 Vice-Gérant R. Milan ½ s. n.
		99 Verlant R. Phare ½ s. n.
	93 Picador S. Beaugé ½ s. n.	98 Uzbeck R. Gérardmer ½ s. n.
	93 Pierre-le-Grand Phaëton ½ s. n.	
	93 Pompeï Serpolet - Bai	99 Ventre St Gris Etendard ½ s. n.
		1901 Barbeau R. Juvigny ½ s. n.
		1902 Chabrat S. Tier à Bras ½ s. n.
	93 Presbourg (ap) Vichnou	98 Ulrick R. Jacquet ½ s. n.
		98 Utrera R. Phaëton ½ s. n.
		1900 Arow S. Fuschia ½ s. n.

11 bis

APOLLON, 1/2 sang

par QUARTIER MAITRE & CLÉMENTINE, par HARLEY, 1m. 62 - noir - né le 2 Mars 1900

chez M. BUHOT à HAM (Manche)

22 Impérieux · 33 Voltaire · 44 Kapirat · 58 Conquérant · 73 Reynolds · 83 Fuschia

94 Quiberon R. Cherbourg ½ s. n.	
94 Quibus Pichnou	99 Valdemar R. Lobeau ½ s. n.
	99 Villaines-Vézot James-Watt ½ s. n.
94 Quartier-Maître Cherbourg.	1900 Arrest R. Hippomène ½ s. midi
	1900 Apollon R. Harley ½ s. n.
	1902 Buhot R. Harley ½ s. n.
94 Queyrac S. Cambronne ½ s. n	1902 Coriguac R. Decrescendo ½ s. s.
95 Rancour Phaëton	1900 Aphone R. Juvigny ½ s. n.
95 Réséda (ap) Camélia par Sir Guid Pigtail ou Barrabas	1901 Basque S. Cherbourg ½ s. n.
	1901 Boudoir S. Ma Souveraine prés. p. s.
96 St Jean-de-Monts Typique ½ s. n. ou Phaëton ½ s. n.	1901 Berdin R. Ibique ½ s. s.
96 Styx R. Cherbourg ½ s. n.	
96 Senlis (ap) Camélia par Sir Guid Pigtail ou Barrabas	1902 Casson R. Lerrault ½ s. n.

22 Impérieux / 33 Voltaire / 44 Kapirat / 58 Conquérant / 73 Reynolds / 83 Fuschia							
	96 Sentilly R. Cherbourg 1/2 p. n.	1901 Bon Cœur R. Marengo 1/2 p. n.					
		1901 Beauvent R. Zambo					
		1902 Carolus R. Colporteur 1/2 p. n.					
		1902 Cens R. Vallahi 1/2 p. n.					
		1902 Champagne R. Kapirat II 1/2 p. n.					
		1902 Chaillé R. Mérode 1/2 p. n.					
	97 Trébuchet S. Arcole 1/2 p. n.						
	98 Umbo R. Cherbourg 1/2 p. n.						
	98 Onyx (aut.) R. Phaëton 1/2 p. n.						
	98 Uranus (ap.) R. ou Kalmia 1/2 p. n. (ap.) et Cherbourg 1/2 p. n.						
	99 Virage S. ou Moonlighter 1/2 p. n. (ap.) et Cherbourg 1/2 p. n.						
	1902 Cheffois R. Cherbourg 1/2 p. n.						

SENTILLY, 1 2 sang,

par FUSCHIA & NÉBULEUSE, par CHERBOURG, 1 m. 61 - alezan - né le 20 Avril 1896
chez M. MOULINET à St-LÉGER - sur - SARTHE (Orne)

BEAUVENT, 1 2 sang,

par SENTILLY & TUBÉREUSE, par ZAMBO (p. s. a.) 1 m. 60 - alezan - né en 1901
chez M. DUGAST Alexandre à BEAUVOIR - sur - MER (Vendée)

(…) 33 Voltaire 44 Kapirat 58 Conquérant 73 Reynolds	84 Géronle S. The Heir of Linne		
	91 Nicdet S. Lavater 1/2 s.n.	96 Sans-Peur R. Montbars	
		97 Tunis S. Quibbler 1/2 s.n.	
		1901 Bontemps R. Insigne 1/2 s.n.	
	92 Opportun S. The Heir of Linne		
(…) 33 Voltaire 44 Kapirat 58 Conquérant	74 Serpolet Rouan Confidence	80 César S. Libérator 1/2 s.ang.	89 Lapin R. Lapin 1/2 s. russe
			89 Lonval R. Trouville 1/2 s.n.
		85 Hiatus S. Soul 1/2 s.n.	
	75 Tempête Abrantès	84 Gérardmer Volant	89 Lampyre R. Norfolk-Trotter 1/2 s.ang.
			90 Marabout R. Valdempierre 1/2 s.n.
		91 Nisko Voleur	96 Safran R. ou Écarté et Quarteron 1/2 s.n.
	75 Rivoli Coleraine 1/2 s.ang.	85 Hermès Normand 1/2 s.n.	97 Téléphone (ap) R Jérémie 1/2 s.n.

Les Fils de Matchem

22 Impérieux 33 Voltaire 44 Kapirat 58 Conquérant	76 Uriel Miss Pierce par succès	82 Etudiant Centaure	90 Magnan S. Quiclet 1/2 s. n.		
			90 Mahomet II Quiclet	1900 Agy S. Martial 1/2 s. n.	
		93 Photographe S. Fataliste			
	78 Dictateur Usbekyeh po. an:	85 Hector R. Niger 1/2 s. n.	97 Brescia (acc) R. N.		
		86 Indret R. Oriental 1/2 s. n.			
	79 Beaugé Ambition 1/2 s. ang.	85 Hertré S. Elu 1/2 s. n.	92 Ordinal S. Ordinal 1/2 s. n.		
			93 Passe-Partout S. Quibbler 1/2 s. n.		
		87 Jaguar Phaéton	94 Quodaraki R. Lavater 1/2 s. n.	1901 Bonjour (ap) R. Glaris 1/2 s. n.	
			96 St Saulge R. Valdempierre 1/2 s. n.		
22 Impérieux 33 Voltaire 44 Kapirat	62 Gall Sir Henry 1/2 s. ang.	74 Siroc Solide	79 Bamboula R. Ugolin 1/2 s. n.		
		74 Sabord Extase	79 Baron R. ou Officier ou Pimpant et Héliotrope 1/2 s. n.		
		74 St Rigomer Tipple-Cider	89 Le Raglan R. Regnard 1/2 s. n.		
			80 Calambac Elu	90 Manneville R. Utrecht 1/2 s. n.	96 Superbe (acc) R. N.
				92 Orkney R. Tibère 1/2 s. n. (ap)	

QUODARAKI, 1/2 sang
par JAGUAR et CHAMPAGNE, par LAVATER, 1 m. 63 - bai, né le 15 avril 1894
chez M. NICARD, à CHALLUY (Nièvre)

KAPIRAT II, 1/2 sang
par KAPIRAT et une fille de PERFECTION, 1 m. 61 - alezan brûlé, né le 9 avril 1866
chez M. de LA BRETONNIÈRE, à GOLLEVILLE (Manche)

22 Impérieux 33 Voltaire 44 Kapirat 63 Gall	74 Spectre ou Abrantès et Blu	81 Dampierre Josaphat	92 Perrin R. Raifort ½ s. n.				
			85 Harold Nicanor	94 Nicobar R. Valparaiso ½ s. n.			
	75 Torcol S. Destin ½ s. n.						
	77 Vaccin S. Franc-Waret ½ s. ang.						
22 Impérieux 33 Voltaire 44 Kapirat	65 Jacquard R. Ravissant ½ s. n.						
	65 Jarnac Ursin	71 Porthos R. Rapide ½ s. n.					
	66 Kolas Corsair ½ s. ang.	71 Pasquier S. Agenda ½ s. n.					
	66 Kapirat II R. Perfection ½ s. n.	72 Quinconce R. The Roué	77 Verrou S. Necker ½ s. n.				
			78 Anchise S. Kalender ½ s. n.				
			83 Falgoux S. Printemps				
		73 Rovigo R. Acacia ½ s. n.	81 Danton R. Black-Eyes				
			81 Delavigne R. Margueux ½ s. n.				
			82 Eléazar R. Margueux ½ s. n.				

2° Impérieux 33 Voltaire 44 Kapirat 66 Kapirat II 73 Rovigo	82 Epilogue R. Liban ½ s.n.	90 Mirobolant S. Amadis ½ s.n. (ap)					
		91 Nautilus R. Terme ½ s.n.					
		93 Polichinelle S. Beauvoir ½ s.n.					
	87 Joinville R. Liban ½ s.n.						
2° Impérieux 33 Voltaire 44 Kapirat 66 Kapirat II	74 Samson R. Barbe-bleue ½ s.n.	90 Samson (acc.) R. Pilote ½ s.n.					
	76 Ulster R. Ipocrate ½ s.n.						
	77 Vaisseau R. Royal Quand Même						
	77 Vanité R. Vulgaire ou Acacia ½ s.n.	84 Gigés S. Black-Eyes	94 Quinquina R. Liber ½ s.n.				
		86 Ipsé S. Liban ½ s.n.					
		87 Jacos S. Epieure ½ s.v.					
	77 Valenciennes R. Julien ½ s.n.						
	78 Abrantès S. Maribou ½ s.n.						
	78 Admète S. Acacia ½ s.n.						

SAMSON, 1 2 sang

par KAPIRAT II et N..., par BARBE-BLEUE, 1 m. 61 - alezan foncé né en 1874
chez M. NAUBLEAU (Jacques), à LA GLINDIÈRE-EN-SALBERTAINE (Vendée)

AMICAL, 1/2 sang

par KAPIRAT II et N..., par ROYAL-QUAND-MÊME, 1 m. 61 - alezan brûlé, né en 1878

chez M. NAULLEAU (Jacques), à BELLE-ILE, CHATEAUNEUF (Vendée)

Colonne de gauche (texte vertical) :

22 Impérieux
33 Voltaire
44 Kapirat
66 Kapirat II

78. Amical R. Royal Quand Même.	83 Florentine (app) S. John Bull ½ p. n.					
	84 Gatineau S. Terme ½ p. n.					
	86 Ibicus R. Black-Eyes					
	86 Iolas R. Terme ½ p. n.					
	90 Montluc R. Beauvoir ½ p. v.					
78. Argos S. Julien ½ p. n.	86 Igitur S. Racqueville ½ p. n.					
	86 Inventeur S. Ordinal ½ p. n.					
79. Barsac S. Karibon ½ p. n.	91 Néron S. Auditeur ½ p. v.					
	92 Olympe R. Beaudignan ½ p. big.					
79. Brigadier R. Glaneur	84 Gagne-Petit S. Marignan					
80 Camisard S. Nectar ½ p. n						
81 Danaüs R. Black-Eyes						
81 Dandiny R. ou Beauvoir et Julien ½ p. n.						

Les Fils de Matchem.

22 Impérieux / 33 Voltaire / 44 Kapirut / 66 Kapirut II							
	82 Éclaÿs R. / Éros ½ s. n.						
	83 Felzius R. / Royal Quand Même	91 Nique (ap) R. / Nique ½ s. n.					
	84 Gascon R. / Jambes d'Argent ou Maribon ½ s. n.	89 Le Gascon (acc) R. / Shériff ½ s. n.					
		90 Mousquetaire R. (ap) / Kalender ½ s. n.					
		91 Naucrate R. / Shériff ½ s. n.	98 Vainqueur (acc) R. / R.				
		91 Nez-Blanc S. / Printemps					
		94 Quadrille R. / Glaneur					
22 Impérieux / 33 Voltaire / 44 Kapirut	68 Majesté S. / Sbolier						
22 Impérieux / 33 Voltaire	45 Licencié (St Mt) / Émule ½ s. n.						
	45 Lagopède / The Juggler	51 Rubicon St Mt R. / Marengo p. s. u. ar.					
	46 Montaigne / Biron	53 Tyrsis R. / Impérieux ½ s. n.					

GOUVERNEUR, 1/2 sang

par TERME & N . . . . . par KAPIRAT II. 1 m. 57 - alez brûlé né en 1884
chez M. PUJOT, à La GABORNIÈRE, C᷉ du PERRIER (Vendée)

TERME, 1/2 sang

par GOUVERNEUR ou IGNORÉ & BLANC - PIED, par EGÉSIPPE. 1 m. 64 - alezan - né en 1873
chez M. LIOT SEVESTRE, à FRESVILLE (Manche)

22 Impérieux
33 Voltaire

47 Nivernais S. Jt. 1/2 p.						
47 Nemrod Xerxès	54 Unau Electeur	72 Quirin R. Sir Henry Dimsdale 1/2 s. ang				
		76 Unau S. Vice-Roi 1/2 p.n.				
	57 Bisson Comminges	62 Gouverneur Navigateur	74 Soleil R. ou Ignoré et Pater 1/2 s.n.	79 Bathurst S. ou Novus et Liban 1/2 s.n.		
			75 Terme R. ou Ignoré et Egésippe 1/2 s.n.	80 Cain R. Klauck 1/2 s.n.		
				80 Clown S Jacquard 1/2 s.n.		
				81 Désert R. Black-Eyes		
				82 Eclaireur R Jacquard 1/2 s.n.		
				82 Electricien R Black-Eyes	87 Juvénal S. Preauvole 1/2 s.n.	
				82 Esculape S. Rovigo 1/2 s.n.		
				84 Giorand R Julien 1/2 s.n.	89 Lescique R. Margneux 1/2 s.n.	1894 Elusse (acc) R. N.
				84 Gouverneur R Kapirat II 1/2 s.n.		

22 Impérieux 33 M⁰Voltaire 47 Nemrod 57 Bisson 62 Gouverneur 75 Terne	85 Huguenot R. Julien ½ p.n.	95 Roitelet R. Queymadiro ½ p.n.					
		96 Stop. S. Calvin ½ p.n.					
	86 Iar R. Necker ½ p.n.						
	86 Iédo R. Liban ½ p.n.						
	86 Indien (ap) R. Julien ½ p.n.						
	92 Officier (ap) R. Epilogue ½ p.v.						
22 Impérieux 33 M⁰Voltaire	48 Olympien (ap) Quiberon ½ Stᵉ mⁱᵉ p.n.						
	48 Orithus Stᵉ mᵗ Doyen ½ p.n.						
	48 Oytuo R. Doyen ½ p.n.						
	48 Oxygène S. Impérieux ½ p.n.						
	49 Polyeucte R. Eastham						
	49 Praticien R. Chasseur ½ p.n.						
	51 Racahout S. Sylvio						
	51 Rubini S. Stᵉ ang.						

ROITELET, 1,2 sang,
par HUGUENOT & KALOUGA, par QUEYMADÉRO, 1 m. 61 - Bai chatain, né en 1895
chez Mme DUFIEF aux PRESNES, C^{ne} St GERVAIS (Vendée)

22 Impériosa

34 Bourgeois-Gentilhomme R. *Eastham*							
41 Homère *(D.J.O.)*	46 Myrthe *Voltaire*	54 Uzel *Ramsay*	63 Ignoré *Ugolin*	72 Quart R. *Kr. 1/2 s.*			
				74 Solécisme R. *Lagopède 1/2 s.n.*			
				75 Tourville *Gouverneur*	89 Larron R. *Beaumanoir 1/2 s.n.*		
				77 Vouziers *Pater*	84 Grand Papa R. *Chorigny 1/2 s.n.*	90 Mandrin R. *Beauvoir 1/2 s.n.*	
						90 Merveilleux *Pactole 1/2 s.n. R*	
				79 Brown R. *Lothaire 1/2 s.n.*			
				81 Dessalines R. *Feu de Joie 1/2 s.n.*			
			66 Kabin *Urus*	73 Russel R. *Vandermulin*			
				76 Uplock S. *Robinson 1/2 s.n.*			
				76 Uskanty S. *Vandermulin*			
				79 Bacon R. *Séduisant 1/2 s.n.*			
				82 Elbœuf S. *Réservé 1/2 s.n.*			

22 Impérieux 41 Homère 46 Myrthe 54 Uzel	69 Nadar (ap) Ravissant	78 Amadis R. Beaumanoir ½ s.n.		
	72 Guesnay S. ou Vice-Roi et Kr de ½ s.			
	76 Uzel II S. Gouverneur ½ s.n.			
22 Impérieux 41 Homère 46 Myrthe	55 Virgile Voltaire	61 Fleuron Jago	66 Lucifer S. Brocardo	
	56 Albert S. Ramsay			
	58 Cupidon R. Dangerous			
22 Impérieux 41 Homère	48 Orgueilleux Royal Georges	55 Violent Vautour	65 Jair Sharavognes	72 Guenneville R. Kr de trait
			73 Rostrum ou Pater et Isolier	79 Beauharnais R. ou Qu'en pensez-vous et Léotard ½ s.n.
		67 Liber S. Ugolin ½ s.n.	75 Trompeur S. Vitumnus ½ s.n.	
			77 Vhinde (ap) S. Routier ½ s.n.	

CARROSSIER, 1/2 sang

par RAIFORT et CAPUCINE, par IRLANDAIS ou ESCULAPE, 1 m. 61 - bai marron, né le 10 avril 1880

chez M. RIDEL (Auguste), à SAINT-PAIR (Calvados)

22 Impérieux

44 Hospodar Y. Rattler ½ s. ang.	47 Nestor Captain Candid	52 Solide Naggar ½ s. ang.	57 Buci Eylau a. ar	64 Jonathan R. Fitz-Pantaloon	
				69 Nullus S. ou Interprète et Ramsay	
			59 Buci II R. Eylau a. ar		
			60 Écumeux S. Ottoman ½ s. n.		
			61 Ancenis (ap) R. N.		
			62 Glorieux Tipple-Cider	70 Ouvragé S. Uzel ½ s. n.	
				71 Passager S. Navigateur ½ s. n.	
				73 Raifort Succès	80 Carrossier R. Irlandais ou Esculape ½ s. n.
	49 Pile en Face R. Mustachio				
48 Phœnix R. Coriolan ½ s. n.					
49 Perfection Friedland	61 Félibien Boucanier	70 Ouragan R. Poulot, trait léger			

Les Fils de Matchem

23 Mahomet Highflyer 1/2 s. ang.	35 Brocoli S. Mt Y. Rattler 1/2 s. ang.			
	38 Fronton S. Mt et R. Luckholl 1/2 s. ang.			
	38 Egrillard Y. Topper 1/2 s. ang.	42 Whis S. Mt et R. Jt Norm.		
		54 Unique II R et Polecat S. Mt		
29 Vautour Latitat	39 Gracchus S. Mt et R. Nourricier 1/2 s. n.			
	47 Neuville S. Mt Biron			
32 Urgent S. Mt Jaggar 1/2 s. ang.				
34 Alidor S. Mt et R. Edgar 1/2 s. n.				
34 Champion R. Y. Vampire 1/2 s. n.				
34 Xerxès Highflyer 1/2 s. ang.	39 Ganymède Chasseur	47 Necker R. Y. Rattler 1/2 s. ang.	57 Bajazet R. Jt Vend.	
			58 Carré R. Jt Vend.	
			58 Coral R. Naucrate 1/2 s. n.	69 National (ap) R. Diaz 1/2 s. n.

34 Xerxès / 39 Ganymède / 47 Necker							
58 Curtius S. / Amadis							
60 Épicure R. / Incomparable 1/2 p.n.							
63 Harpin R. / Cornichon 1/2 p.n.							
64 Impérator S. / Kt. Vend	71 Paillasse S. / Routier 1/2 p.n.						
	73 Réveillé S. / Misanthrope 1/2 p.n.						
	76 Urgel S. / Kt. 1/2 p.						
66 Khan (ap.) R. / M. de St Jean							
66 Bénévole R. / Incomparable 1/2 p.n.							
66 Y. Necker (ap.) R. / Incomparable 1/2 p.n.							
68 Aizenay R. / Runnybow							
69 Nicéphore R. / The Roué							
34 Xerxès / 39 Ganymède — 48 Obéron S. / Prosélyte 1/2 p. ang.							

34 Xérxès / 39 Ganymède				
	49 Parisien / Biron	54 Ugolin / Jr. Storm.	61 Franckfort R. / Ballinkeele	
			65 Jean sans Peur R. / Fitz-Pantaloon	
			65 Josaphat / Hortensius	72 Quid Libet R. / Radical 1/2 p. n.
				73 Richardson R. / Lionceau 1/2 p. n.
			68 Nuzy S. / Uzel 1/2 p. n.	
			73 Ribaud / Vandermulin	80 Cupidon R. / Dragon
			74 Santerre / Quid Juris	86 Inflammable S. / Urus 1/2 p. n.
			74 St Dizier R. / Affidavit	
			74 Soutien R. / Qui perd gagne	
			76 Umber R. / Bravo	
			78 Architecte R. / The Heir of Linne	
			79 Babo / St. Ghor. ar.	87 Joncourt S. / Hilaire 1/2 p. n.
	49 Proportionné / Y. Rattler 1/2 p. ang.	54 Usager / Impérial	63 Hargneux R. / Fortuné a. ar.	
			63 Henri IV R. / Dupleix 1/2 p. n.	

NIQUE, 1/2 sang
par DIVUS et LA NAVETTE, 1 m. 60 - noir, né le 20 avril 1889
chez M. LE HARTEL, à SAINTE-MÈRE-ÉGLISE (Manche)

34 Xerxès / 39 Ganymède						
	50 Québec / Voltaire	56. Androclès / Bérenger	64 Insulaire (ap) / Espiègle ½ s.n. (Haïs)			
		57 Barras R. / Dorus ½ s.n.				
		58 Creuilly S. / Governor				
		59 Divus / Electrique	63 Hatif S. / Télégraph ½ s. ang			
			65 Jaucourt R. / Mastrillo			
			65 Jean de Paris R. / Uzel ½ s.n.			
			69 Nique R. / La Navette J.t ½ s.n.	77 Van Dyck R. / ou Prince Royal / et Black-Eyes		
			69 Normand / Rapirat	74 Soldat / Utrecht	82 Essex R. / Marignan ½ s.n.	
				74 Serpolet Bai / Dorus	80 Calchas / J.t ½ sang	85. Hebdomadaire R. / Parthénon ½ s.n.
					82 Edimbourg / Abrantès ½ s.n.	87 J'y pensais / Laboureur
						90 Merci R. / Marignan ½ s.n.
						90 Mistral S. / Alarie ½ s.n.
						92 Oval R. / Don Quichotte ½ s.n.

34 Xerxès / 39 Ganymède / 50 Québec / 59 Divus / 69 Normand / 74 Serpolet-Bai. / 82 Edimbourg						
	88 Kiffis / Phaéton	93 Pauillac / Niger	99 Va Gaiement / Malaga ½ s.n. R			
		97 Tempétueux R / Cherbourg ½ s.n.				
		1900 Authie S. / Kachemyr ½ s.n.				
	90 Miracle / Quiclet	97 Talesman S. / Cadran ½ s.n.				
	91 Nancy R. / Indienne par Fataliste.					
	92 Oeuf R. / Fataliste					
	93 Pick-Pocket R. / Phaéton ½ s.n.					
34 Xerxès / 39 Ganymède / 50 Québec / 59 Divus / 69 Normand	76 Uzerche / Extase.	84 Gusman / Kent	90 Manuel R. / Rodon ½ s.n.			
		85 Hémistiche R. / Auguste				
	77 Valdempierre / Conquérant	83 Frondeur / Kilomètre	88 Kiva. S. / Reynolds ½ s.n.			
			1902 Chambert R. / Laiton ½ s.n.			
		85 Havas / Niger	92 Omnibus / Carnaval	1901 Bouvry R. / Notable ½ s.n.		
		92 Obstructeur / Franklin ½ s.n.				

29 bis

ORTOLAN, 1/2 sang,
par ALBRANT & HISTORIETTE, par ARCOLE, 1 m.62 - Bai cerise - né ne 1892
chez M. H. GARREAU à St ETIENNE - de - MONT - LUC (Loire-Infre)

29 bis

AMBIGU, 1/2 sang,
par ORTOLAN & SAUTERELLE, par MADRAS, 1 m. 62 - Bai - né en 1900
chez M. VRIGNAUD à Hte CHARREAU, Cne du PERRIER (Vendée)

34 Nevriès 39 Ganymède 50 Québec 59 Dinus 69 Normand				
78 Albrant R. Noteur ou Abrantès ½ s.n.	86 Imprévu S. Urville ½ o.n.	94 Quinquina S. Garbon ½ o.n.	1900 Américain R. Kellerman ½ s.char.	
			1902 Clam S. Kellerman ½ s.char.	
	89 Lancelot R. Rovigo ½ o.n.			
	89 Liron R. Julien ½ o.n.			
	92 Ortolan R. Arcole ½ o.n.	98 Urbain S. Fleuroto		
		1900 Anguerny S. Epilogue ½ o.n.		
		1900 Ambigu R. Madras ½ o.n.		
		1902 Chaunac R. Epilogue ½ o.v.		
	94 Quinson R. Vallahi ½ o.n.			
78 Attila Y.	84 Jujube S. Alderham or			
	85 Hiver S. Télémaque ½ o.n.	94 Ronancourt S. Quiller ½ o.n.		
80 Colporteur Conquérant	86 Intégral S. Dagobert ½ o.n.			
	88 Keepsake R. Qui-Vive ½ o.n.			
	90 Marcassin Lavater	97 Tragédien R. Hérode ½ o.n.		
	94 Nantes R. Mars ½ o.n.			

Les Fils de Matchem

34 Xerxès / 39 Ganymède / 50 Québec / 59 Divus / 69 Normand / 80 Colporteur	91 Narqué R. Carnavalet 1/2 D.N.			
	94 Quickly S. Utrecht 1/2 D.N.			
34 Xerxès / 39 Ganymède / 50 Québec / 59 Divus / 69 Normand	80 Cherbourg Extase	86 Indo-Chine Niger	91 Négrier S. Uouet 1/2 D.N.	
		86 Gambe Parthénon	91 Norodum Elu	97 Théorème R. Kusant 1/2 D.N.
				1900 Accès R Agnadel 1/2 D.N.
		87 Juvigny Formosa par Niger	92 Obligeant S. Mazeppa 1/2 D.N.	
			93 Picotin R. Tignis 1/2 D.N.	
			95 Ric à Ric R. Edimbourg 1/2 D.N.	
			95 Ruggieri (ap) R Elan 1/2 D.N.	
			95 Radziwill Edimbourg	1900 Artimon S. Kackator 1/2 D.N.
				1902 Chauvé R. Valdempierre 1/2 D.N.
			96 Stuart Fuschia	1902 Confolens S. Dacapo 1/2 D.N.

RIC A RIC, 1/2 sang
par JUVIGNY et BELLE-DE-JOUR, par EDIMBOURG, 1 m. 60 - bai brun, né le 17 mai 1895
chez M. A. GERMOND, à SAINT-GERMAIN-DE-CLAIREFEUILLE (Orne)

BRUN, 1/2 sang

par KŒNIGSBERG & ORIFLAME par FELZINS, 1 m. 63 - Bai marron - né en 1901
chez M. M. BILLET Frères à PUITS-GARROT, SOULLANS (Vendée)

SOULLANS, 1/2 sang

par KŒNIGSBERG & ORIFLAME par FELZINS, 1 m. 60 - Bai brun - né en 1896
chez M. M. BILLET Frères à PUITS-GARROT, SOULLANS (Vendée)

UN DISTINGUÉ, 1/2 sang

par JUVIGNY & GEORGETTE, par QUICLET, 1 m. 62 - Alezan - né le 5 Juin 1898
chez M. RICHER, à CERISE (Orne)

UN CAMARADE, 1/2 sang

par JUVIGNY & NARVA, par ECHO 1m. 62 - Bai marron né le 1er Mai 1898
chez M. CYRILLE LASSAUSSAYE à St LÉONARD-des PARCS (Orne)

34 Xerxès 39 Ganymède 50 Québec 59 Divus 69 Normand 80 Cherbourg 87 Jusigny	98 Un Camarade Echo ½ s. n. R		
	98 Un Distingué Quielet ½ s. n. R		
	98 Un Amateur Noville ½ s. n. R		
	1902 Chantilly R Fuschia ½ s. n.		
34 Xerxès 39 Ganymède 50 Québec 59 Divus 69 Normand 80 Cherbourg	87 Jolibois Niger	92 Osiris Ignoré	1900 Alias R Cadise ½ s. n.
		94 Quitte R Colporteur ½ s. n.	
		97 Tadjourah R Tempête ½ s. n.	
	88 Kilomètre R Vermouth	94 Quibus R Bactole ½ s. n.	
	88 Kœnigsberg R Serpolet-Bai	93 Patapan R Terme ½ s. n.	
		96 Soullans R Felzins ½ s. s.	
		1901 Brun R Felzins ½ s. s.	
		1901 Baconnet S Haut-Huppé ½ s. n.	
		1901 Boléro d'amour Helvétius ½ s. n.	

34 Xerxès / 39 Ganymède / 50 Québec / 59 Dionis / 69 Normand / 80 Cherbourg			
	88 Kronstadt Quiclet	96 Sandwich R. Platon ½ s.n.	
	88 Kaboul R. Rivoli ½ s.n.	94 Quo-Usqué (app) R Pactole ½ s.n.	
	88 Nabucho Phaëton	94 Quintidi R. Conquérant ½ s.n.	
		94 Quito R. Echo ½ s.n.	
		97 Turbulent R. Hawas ½ s.n.	
		97 Tricheur R. Echo ½ s.n.	
		97 Turin S. Zut	
		1900 Antinoüs R. James-Watt ½ s.n.	
	89 Lichen S. Portia par Blinkbolie		
	89 Lapidaire Niger	95 Royan R. Beaurepaire	
		95 Rendez-vous S. Fumet ½ s.n.	
	90 Macouba Conquérant	95 Russy R. Phare ½ s.n.	1900 Adast S. Jourdan ½ s.n.

QUITO, 1/2 sang

par NABUCHO & LYSANDRE, par ECHO, 1 m. 58 - Bai brun - né le 1er Avril 1894

chez M. RATIER, à BELLEFONDS (Orne)

RUSSY, 1/2 sang

par MACOUBA & MARIE, par PHARE, 1 m. 66 - bai marron, né le 8 Avril 1897

chez M. ADELINE, à RUSSY (Calvados)

NORDBERG, 1/2 sang
par CHERBOURG & BÉGONIA, par ZUT (p. s.), 1 m. 62 - Bai brun - né en 1891
chez M. XICARD, à NEVERS (Nièvre)

TENTATEUR, 1/2 sang,
par NODUS & MINA, par FRIPON, 1 m. 65 - Bai brun - né le 25 Avril 1897
chez M. LEMOUSSU, à DRAGEY (Manche)

34 Xerxès 39 Ganymède 50 Québec 59 Divus 69 Normand 80 Cherbourg	90 Malaga Conquérant	96 Santenay R. Espoir ½ o. n.						
		96 S.t Content S. Phare ½ o. n.	1901 Bars R. Gérardmer ½ o. n.					
		98 Uhlan S. Banyuls ½ o. n.						
	90 Mahé Formosa par Niger	97 Tragique S. Hottentot ½ o. n.						
	91 Nordberg R. Zut	96 Séduisant (sup) R. Queymadère ½ o. n.						
		97 Tolbiac S. Desgenettes ½ o. n.						
		98 Ubérius S. Helvétius ½ o. n.						
	91 New-York R. Moteur ½ o. n.							
	91 Noble-garde S. Uriel ½ o. n.							
	91 Nodus Lavater	97 Tentateur R. Tripon ½ o. n.						
	92 Organisateur Lavater ½ o. n. R							
	92 Original Kilomètre	98 Uriely R. Truplu ½ o. n.						

34 Xerxès 39 Ganymède 50 Guêtres 59 Dione 69 Normand 80 Cherbourg						
	92 Oudineau Formosa par Niger ½ s.n	99 Vacher R. Decrescendo ½ s.v.				
		1901 Beau Prince S. Rébus ½ s.n.				
	92 Oiseau-Mouche Niger	98 Un Joyeux R. Kt ang.				
	92 Offenbach Phaéton	1900 Augias (ap) S. Bayadère				
		1901 Beau Soir S. Edimbourg ½ s.n.				
	93 Patriote R. Beauvoir ½ s.v.					
	93 Pompignac R. Phaéton ½ s.n.	98 Ukase S. Hérode ½ s.n.				
		98 Univers R. Arcole ½ s.n.				
		99 Viral R. Arcole ½ s.n.				
		1900 Alcazar S. Arcole ½ s.n.				
		1900 Artaban R. Arcole ½ s.n.				
		1901 Bras d'or R. Vallahi ½ s.n.				
		1901 Bajo R. Arcole ½ s.n.				
		1901 Boilard R. Edimbourg ½ s.n.				

34 bis

PATRIOTE, 1.2 sang,
par CHERBOURG & MINERVE, par BEAUVOIR, 1 m. 66 - Bai - né en 1893
chez M. le Cte de RÉALS, à LA LANDE, St SULPICE (Charente-Infre.)

34 bis

POMPIGNAC, 1.2 sang,
par CHERBOURG & FAVORITE par PHAETON, 1 m. 64 - Bai clair - né en 1893
chez M. MARCILLAC, à TRESSES (Gironde)

34 bis

UN JOYEUX, 1.2 sang
par OISEAU-MOUCHE & LISETTE, jument anglaise, 1 m. 61 - Bai brun foncé né le 8 Mai 1898
chez M. CHAN à LA VILLA des FLEURS, Cne de BEUZEVAL (Calvados)

34 bis

BRAS D'OR, 1/2 sang
par POMPIGNAC & KERMESSE, par VALLAHI, 1 m. 62 - Alezan - né en 1901
chez M. de LA BROSSE, LOUIS, à ORVAULT (Loire-Infre.)

REMBRANDT, 1/2 sang
par CHERBOURG & FORMOSA, par NIGER, 1 m. 63 - Bai - né en 1895
chez M. GRÉGOIRE, à ALEMENÊCHES (Orne)

SCAPIN. 1 2 sang.
par CHERBOURG & INDIANA, par BAPTISTE - LEMORE, 1 m. 66 - Bai chât - né en 1896
chez M. COUREUL, à CAEN (Calvados)

34 Hercès 39 Ganymède 50 Québec 59 Divus 69 Normand 80 Cherbourg	93 Prince Royal R. Formosa par Niger 1/2 s.n.	
	93 Prince R. Affidavit	
	94 Quintillien R. Phaëton 1/2 s.n.	
	94 Quélen R. Formosa par Niger 1/2 s.n.	
	95 Rembrandt R. Formosa par Niger 1/2 s.n.	
	95 Roger Bontemps S. Niger 1/2 s.n.	1901 Bidou R. Imprévu 1/2 s.n.
	96 Scapin R. Baptiste-Lemore 1/2 s.n.	
	98 Unifié S. Baptiste-Lemore 1/2 s.n.	
	98 Un Séduisant S. Élan 1/2 s.n.	
	1900 Arbitre S. Phaëton ou Roping 1/2 s.n.	

Les Fils de Matchem

34 Xerxès 39 Ganymède 50 Québec 59 Divus 69 Normand	81 Dacapo Abrantès	89 Landelles R. Shamrock ½ p. an.	94 Qu'en diront-ils Sedan.
		89 Lonjumeau Algérien ½ p. n.	
		90 Madras R. Shamrock ½ p. an.	96 Sapor R. Caribert ½ p. n.
			1900 Andard R. Dandy ½ p. n.
		95 Réprobateur Macouba ½ p. n.	
	82 Express Ignace	89 Léoben R. Extase ½ p. n.	
		92 Oculiste R. Mine d'Or ½ p. n.	
	82 Echo Y.	91 Négus R. Kilomètre ½ p. n.	97 Terminus R. Monarque
	83 Fred-Archer Noville	90 Médoc S. Andromède ½ p. n. (ap.)	
		91 Nadar R. Idoménée ½ p. n.	
		95 Robuste R. Aristocrate ½ p. n.	
		97 Sabre R. Idoménée ½ p. n.	

TERMINUS, 1/2 sang

par NÉGUS & NAUSICAA, par MONARQUE (p. s.), 1 m. 62 Bai brun né en 1897
chez M. MABILAIS Julien à St. ETIENNE - du - MONT - LUC (Loire Inf.)

ANDARD, 1/2 sang

par MADRAS & LABORIEUSE, par DANDY, 1 m. 61 - alez. brûlé né en 1900
chez M. GUÉRIN - LE PELLERIN (Loire-Infre)

34 Xerxès / 39 Ganymède	50 Trvarn — The Juggler		
		55 Verglas S. — Polecat	
		55 Vitumnus S. — Jéricho ½ s.n.	
		56 Abeilard — Jéricho	65 Japara R. — Karbout ½ s.n.
		57 Bacon S. — Homère ½ s.n.	
		57 Barbe-Bleue R — Montaigne ½ s.n.	
		57 Boieldieu S. — Ramsay	
		58 Cardinal S. — The Juggler	
		58 Citerne R — Kenilworth ½ s.n.	
		58 Commandeur — Montaigne	63 Hôtelier R. — Ottoman ½ s.n.
		59 Dongolah R. — Montaigne ½ s.n.	65 Jovial (ap) R. — J.r N.d.
			65 Joyeux (ap) R. — Molière ½ s.n.
36 Alic R. — Cleveland ½ s.ang.	43 Jarnac S.t M.ts S. — Chasseur ½ s.n.		
36 Courtisan — Lucholl ½ s.ang.	52 Solitaire S.t M.t — Glocester ½ s.ang.		

36 Castor Héraclius ½ p.ang	45 Magyar S. 1^r ang.					
37 Dorus Prosélyte ½ p. ang.	40 Gateur s M^r R Pick Pocket ^{at S.}					
	51 Routier S. Talma ½ p. ang.					
37 Diomède Y. Topper ½ p. ang.	42 Introuvable Jaguar	47 Nécromancien Voltaire ½ p. n. ^s				
	42 Intact R Emule ½ s. n.	56 Y. Intact R. Forfait ½ s. n.				
	44 Kabyle R. Léger ½ s. n.					
	44 Korassan R. Talma ½ p. ang.					
37 Diogène R. Talma ½ p. ang.						

Emploi dans la région Vendéenne et Charentaise, de 1822 à 1906, des Étalons du sang D'Hérod

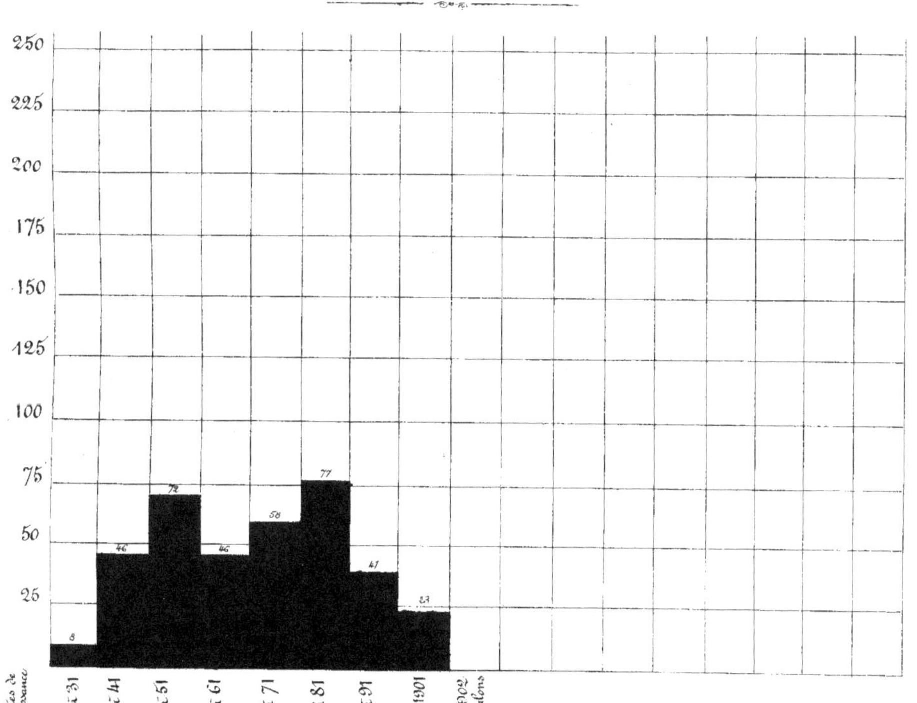

38 B

Les 373 étalons du sang d'Hérod, qui ont fait la monte dans la région vendéenne et charentaise, de 1822 à 1906, se divisent en un certain nombre de groupes dont les principaux sont les suivants :

Descendants de :

Napoléon — 107
- Eylau 93
  - Moteur 66
    - Séducteur 47
      - Centaure 29
        - Jambes d'argent 10
        - Divers 19
      - Lafixe 14
      - Romuald 10
      - Divers 11
    - Divers 18
    - Lucain 16
  - Divers 11
- Divers 14

The Juggler 17

Sylvio — 110
- Don Quichotte 57
  - Idalis 26
    - Faucounet 10
  - Prince 24
    - Elu 16
    - Utrecht 19
  - Divers 5
  - Divers 7
- Cornichon 8
- Divers 45

Bronville 20
- Lumineux 17
  - Quicler 17
    - Rungula 10
    - Divers 71
  - Divers 3

Eastham 52
- Emule 16
- Divers 26

Des caractères propres aux principaux représentants de la famille D'Hérod

Napoléon — Eylau — Noteur — Séducteur — Centaure — Jambes d'Argent.

Noteur — Peu gracieux dans la tête avec une encolure courte, mais très puissant dans le corps et les membres, il avait des allures brillantes qu'il transmettait à ses produits, tout en leur donnant plus de sang et de lignes qu'il n'en possédait.

Séducteur — Sa tête aurait pu être plus gracieuse, il était un peu trop rond dans ses hanches, mais il avait un très bon dessus, des membres et de bonnes allures. Sa production remarquable l'a fait particulièrement rechercher par les éleveurs.

Centaure — Un peu commun avec l'encolure courte, mais remarquablement près de terre, avec un excellent dessus, des membres, des allures. D'un mérite exceptionnel, il a très bien produit.

Jambes d'Argent — On pouvait lui reprocher ses genoux creux et ses canons antérieurs un peu légers, son encolure un peu courte, mais c'était un très bel étalon, dénotant beaucoup de puissance, très bien fait dans son corps avec de la poitrine, de belles épaules et un très bon dessus ; il avait de très belles actions.

Les principaux caractères semblent être : L'encolure un peu courte, mais de la puissance, un très bon corps, des membres (malgré les canons légers de Jambes d'Argent) et de belles actions.

Napoléon — Eylau — Noteur — Lahire — Romuald — Héros.

Lahire — En dehors de ses jarrets un peu étranglés, et de ses membres pas tout à fait assez forts, c'était un très bel animal, avec de l'ampleur, un bon dessus, une poitrine profonde ; il a très bien produit.

Romuald — Ses membres auraient pu être plus forts, mais il avait un bon corps, bien que son arrière-main ne fut pas tout à fait éclatée, et de brillantes actions.

Héros — Ses membres antérieurs n'étaient pas assez fournis, mais il était régulier, puissant, profond dans sa poitrine, près de terre, avec de la carrure. — Ses allures étaient moyennes.

Comme chez les descendants de Noteur mentionnés antérieurement, nous trouvons ici de la puissance et un bon corps, mais le dessous ne paraît pas assez fort.

Napoléon — Eylau — Lucain.

Lucain — Très régulier, mais un peu rond, un peu léger dessous, il a donné beaucoup de sang à ses produits, mais pas toujours assez de poitrine.

Il n'a plus de descendants en ligne mâle, dans la région vendéenne et charentaise : les derniers sont nés en 1883.

The Juggler.

C'était un très bon étalon par sa conformation, son sang et la manière dont il produisait. Cependant ses jarrets laissaient à désirer et il donnait quelquefois des jardons et des éparvins.

Le dernier de ses fils, employé dans le pays dont nous nous occupons, est né en 1860.

Sylvio — Don-Quichotte — Idalis — Taconnet — John-Bull.

Sylvio — On reprochait à Sylvio sa tête trop lourde, qu'il transmettait parfois à ses produits et qui était, en quelque sorte, une marque de famille, mais il a produit remarquablement.

Idalis — Carré, près de terre, plein de distinction dans la tête et d'énergie, il était médiocre dans son dessus, son rein et surtout son flanc. Il a donné du gros en même temps que du sang.

Taconnet — D'une bonne conformation, il était très apprécié des éleveurs à cause de son modèle, malheureusement il avait des éparvins qu'à la fin de sa carrière d'étalon, il transmettait parfois.

John Bull — On lui reprochait sa tête trop forte. Il n'avait ni assez de profondeur ni assez de carrure et on trouvait ses allures pas assez relevées, mais il était remarquable par la force de ses membres. C'est, je crois, cette dernière caractéristique qu'il faut retenir.

Sylvio — Don Quichotte — Ídalis — Elu.

Elu — Il avait l'encolure trop courte, il était légèrement oreillard et n'avait peut-être pas autant de branche qu'on l'aurait voulu, mais il était près de terre, remarquablement puissant dans son arrière-main avec un bon dessus et des allures.

Peu de ses descendants ont marqué en Vendée, cependant certains, comme Neufchatel, présentaient les caractères de puissance, de bon dessus et d'allures signalés chez leur aïeul.

Sylvio — Don Quichotte — Prince — Utrecht.

Prince — Charmant cheval avec une poitrine bien descendue qu'il transmettait généralement mais le dos pas assez soutenu, des membres antérieurs légers et des jarrets un peu osseux intérieurement.

Utrecht — D'un bon tempérament, suffisamment membré, il donnait des produits assez forts.

Son arrière petit-fils Calvin régulier, mais un peu rond, avec la poitrine pas assez descendue, avait des membres forts et marchait bien. — Il est le grand père de Paysan qui produit remarquablement dans la région de Luçon.

Sylvio _ Cornichou.

Cornichou _ C'était un cheval gracieux et plein de distinction. _ Employé dans le marais vendéen, il y a laissé quelques fils qui ont été utilisés plus particulièrement comme étalons approuvés, mais il a surtout procréé des poulinières avec un cachet particulier d'élégance et de force qui les ont fait spécialement apprécier.

Trouville _ Lumineux _ Quiclet _ Banyuls _ Helvétius.

Trouville _ Très fortement établi, avec des articulations larges, c'était un très beau cheval de croisement, avec beaucoup d'ampleur et de force dans sa conformation. _ Ses jarrets étaient un peu près.

Quiclet _ Cheval d'un grand style, qu'on aurait seulement voulu un peu plus soutenu dessus, un peu plus fort dans ses membres antérieurs et surtout avec des jarrets moins osseux intérieurement.

Helvétius _ On lui aurait voulu des articulations plus fortes, mais c'était un bel animal bien fait dans l'avant-main avec de la poitrine et un bon dessus.

Il a été placé 10 ans à Soullans et il y a toujours été apprécié.

Eastham _ Emule.

Ce dernier est l'arrière grand-père d'Acacia qui a été utilisé dans le marais de St Gervais, où il a particulièrement marqué.

Il était commun et avait peu de moyens, mais il était remarquable par sa puissance, son ampleur; sa poitrine était profonde et son dessus soutenu.

Hérod 1758.

Tableau indiquant la filiation des chevaux de pur-sang de la famille d'Hérod qui ont fait ou font actuellement la monte dans la région vendéenne et charentaise.

<table>
<tr>
<td>1768 Florizel
(Cygnet mare
1777 Diomed
Spéculator mare
1800 Sir Archy
Jt. Américaine
1814 Timoléon
Caltram mare</td>
<td>1833 Boston
Ball's Florizel mare
1850 Lexington
Alice Carneal
1857 Optimist
Glencoe mare</td>
<td>1867 Mars R.
Woman-in-red
(Wild Dayrell)</td>
<td></td>
<td rowspan="5"></td>
<td rowspan="7"></td>
</tr>
<tr>
<td rowspan="2">1773 Woodpecker
Miss Ramsden</td>
<td rowspan="2">1780 Chanticleer
Eclipse mare
Bob Booty
Herne</td>
<td rowspan="2">1824 Napoléon (R)
Pope mare</td>
<td>1841 Roi de Rome (R)
Sapho
(Gastham)</td>
</tr>
<tr>
<td>45 Dumnacus (S)
Danaé
(Derror)</td>
</tr>
<tr>
<td rowspan="7">1787 Buzzard
Miss Fortune</td>
<td rowspan="7"></td>
<td rowspan="3">1798 Guiz
Miss West
1812 Tigris
Persepolis</td>
<td></td>
</tr>
<tr>
<td rowspan="2">30 Y. Tigris p.s.a.a.(R)
Clovis p.s.a.a.
(Aslan turc)</td>
</tr>
<tr>
<td rowspan="2">1836 Sophiste (St Mé)
Comus mare</td>
</tr>
<tr>
<td rowspan="4">1801 Castrel
Alexander mare</td>
<td rowspan="2">1815 Merlin
(Delpini mare)
1827 Paradox
Fawn</td>
</tr>
<tr>
<td rowspan="3">1836 Kneight of Wand
Decoy</td>
<td>46 Sir Charles (S)
Macbeth mare</td>
</tr>
<tr>
<td rowspan="2">1824 Pantaloon
Idalia</td>
<td rowspan="2"></td>
</tr>
<tr>
</tr>
</table>

40. Hérod 1758

Tableau indiquant la filiation des chevaux de pur-sang de la famille d'Hérod qui ont fait ou font actuellement la monte dans la région vendéenne et charentaise.

1773 Woodpecker	87 Buzzard	1801 Castrel	1824 Pantaloon	1847 Windhound Thryne 1857 Normanby (ou Melbourne) et Alice Hawthorn 1872 Atlantic Hurricane (Wild Dayrell)	1877 Pacific (S) King Tom mare		
					1884 Le Sancy Gem et Gems	93 Majestad (R) La Reyna (Vermout)	
						97 Mortarasch (acc) (R) Engadine (Macaroni)	
					1887 Fitz Roya Perplexité	96 Cognac (S) Canzonetta (Kapobury)	
					1888 Le Capricorne La Dauphine	96 Mie (S) Michelette (Don Juan)	
						1901 Mal au Ventre (R) Malveillance (Esterling)	
		1803 Selim Alexander mare	1812 Sultan Bacchante	1833 Bay Middleton Colwell	1828 Hæmus R. Bess (Waxy)		
					1843 Polecat Pussy	1848 Dash (R) Aline (Ali-Baba)	
						1850 Artenay (S) Camelia Camel	
					1846 The Flying Dutchman Barbelle 1860 Dollar Payment	1870 Androclès Alabama	1877 Le Lion (R) Barbillonne (Y. Gladiator)
							1884 Cambyse Cambuse

MAJESTAD, pur sang

par LE SANCY et LA REYNA, 1 m. 59 - alezan, né le 16 mars 1893

chez M. le Baron de SCHICKLER, à MARTINVAST (Manche)

CLAIR DE LUNE, pur sang
par FONTAINEBLEAU et DOT, 1 m. 60 - bai marron, né le 24 avril 1893
chez M. J. ARNAUD, à VILLECHÉTIVE (Yonne)

1773 Woodpecker 87 Buzzard 1803 Selim	1816 Sultan	1833 Bay Middleton 1846 The Flying- Dutchman.	1860 Dollar	1870 Androclès 1884 Cunégonde	1890 Callistrate Citronelle	1893 S.t Julien (ap)(S.) Gentille (Consul)	1900 Valpurgis (ap)(S) Viadana (Beaudesert)
						1895 Callimaque (R) Citronelle	
				1877 Saint-Cyr Finlande	1874 Fontainebleau (ap) (R) Finlande	1882 Roland (S.) Fleur d'Oranger- (Longchamps)	
						1886 Phlégéton (R.) Arménie (Plutus)	
						1893 Clair de Lune (R) Dot (Galliard)	
						1895 Fontainebleau (ap) Aubade (R) (Léon)	
				1876 Vignemale La Maladetta	1889 G.al Pérez Gipsy		1897 Aigle-Royal (S) Ayguelongue (Gilbert)

42. **Hérod 1758.**

Tableau indiquant la filiation des chevaux de pur-sang de la famille d'Hérod qui ont fait ou font actuellement la monte dans la région vendéenne et charentaise.

1773 Woodpecker 87 Buzzard 1803 Selim							
	1816 Sultan						
		1833 Bay Middleton 1846 The Flying-Dutchman					
			1860 Dollar				
			1866 Dutch Skater Fulvie				
				1876 Viguemale			
					1881 Sansonnet (ap) (S) Ortolan	1890 Marreau (ace) (S) Mytilène (St Léger)	1896 Batoum (S) p.s.a.ar Bellone p.s.a.ar (Florestan)
						1890 Prisme n.ar Prima	
						90 Le Nid (ap) R La Nonette (Marksman)	
					1883 Lochinvar (ap) S Corelle (y Monarque)		
					1883 Souci (S) Saltarelle (Vertugadin)		
					1885 Bocage Printanière	1892 Honneur (R) Hardiesse (Paladin)	
					1887 Yellow (ap) (R) Miss Hannah (King-Tom ou Favonius)		

1773 Woodpecker St Buzzard	1803 Selim	1817 Langar Walton mare	1833 Idas (Olympia)	1843 Ulysse (St Md) Déception Défense	
			1833 Master Wags Parthenessa	1846 Vietot (St Md) Destiny (Centaure)	
				1849 Nathaniel (S) Native (Royal oak)	1856 Mandrin (S) Nelly (Derror)
		1819 Marcellus (R) Brisois (Boningbrough)	1841 Gallus (St Md) Fatime (Captain Candid)		
	1805 Rubens Alexander mare	1813 Boladil Ryscraper mare	1829 Copper-Captain (St Md et R) Cervantes mare	1856 Trchalorff (R) Almée (Mameluck ou Paradox)	
		1819 Holbein Galuopus mare	1834 Dandolo (St Md) Pamela (Tigris)		

Tableau indiquant la filiation des chevaux de pur-sang de la famille d'Hérod qui ont fait ou font actuellement la monte dans la région vendéenne et charentaise.

Gén. 1	Gén. 2	Gén. 3	Gén. 4	Gén. 5
1774 Highflyer Rachel 1784 Sir Peter Papillon	1794 Stamford Horatia	1805 Snail Bourdeaux mare 1827 Y. Snail Comus mare	1840 Prophète (S) Zille (Friedland)	
	1797 Happazard Miss Henry 1812 Filho da Puta Mrs Barnet	1833 Brookland (S Md) Noll Gwynne (Tramp)		
		1825 Aleaston Windle mare 1832 St Patrick Bittern 1837 Garryowen Excitement	1854 Coradin (S) Coqueluche (Royal oak)	
		1828 Colwich Stella	1837 Y. Colwich (R) Frantic (Bedlamite)	
	1790 Walton Aréthuse	1808 Rainbow Iris	1830 Hercule (R) Aimable (Election)	1838 Arwed (St Md) Queen Mab (Pioneer)
		1833 Frank Verona		1841 Scharni (St Md) p. s. a. ar. Girfah a. ar. (Adeban ar.)

1770 Highflyer
1734 Sir Peter
1759 Walton

1803 Phantom
Julia

1811 Partisan
Parnot

1817 Tornade
Pope Joan

1831 Bon Ton (S. Mt)
Miss Skim

1830 Glaucus
Flamine
1838 Chr. Nok
Octave
1849 The Nabot
Hester

1826 Sylpho
Merle

1861 Vermout
Vermeille

1823 Deucalion (R)
Reading Lass
(Orville)

1836 Sylpho (St. Mt)
Sucharis
(Tigris)

1841 Micromégas (St. Mt)
Dino
(Eastham)

1850 Zeste (R)
Chimère
(Holbein)

1868 Clotaire
Lady Morllo
(Royal quand même)

1872 Perplexe
Perpétie

1876 Michel Ange R.
Michelette
(Orphelin)

1880 Palais Royal
King Tom mare

1895 Terminet (S.)
Tourchelle
Energy

1895 Machiavel (R)
(a Rosalba
(Atlantic))

Hérod 1758.

Tableau indiquant la filiation des chevaux de pur-sang de la famille d'Hérod
qui ont fait ou font actuellement la monte dans la région vendéenne et charentaise.

1774 Highflyer 1784 Sir Peter 1799 Walton 1811 Partisan	1830 Glaucus 1838 ... Nol 1849 The Nabob	1861 Vermont	1879 Vigilant Virgule	1893 Cléon (R) Clélie (Dollar)	
				1894 Atys (S) Atalante (Blenheim)	
				1896 Cléoval (R) Clélie (Dollar)	
		1865 Suzerain Brassey	1877 Horrigan (R) Eureka (Womersley)		
	1833 Reuben Favon	1849 Bucktorn R. Zelia	66 Glaneur R. Alma (The Prime Warden)		
			68 Printemps Alma (The Prime Warden)		
		1849 Kingston Queen Anne	1859 Caractacus Defenceless	1867 Claudius (S) Lady Peel (Orlando)	
	1833 Gladiator Pauline	1852 Assur R. Victoria (Royal oak)			
		1842 Sweetmeat Lollypop	1857 Parmesan Gruyère		1886 Cléodore R. Clotho (Bois Roussel)
			1874 Arrachino Old Maid		

CLÉON, pur sang,
par VIGILANT & CLÉLIE, 1 m. 63 - Bai chatain - né en 1843
chez M. DELAMARRE, à BOIS - ROUSSEL (Orne)

1774 Highflyer 1786 Sir Peter 1799 Walton 1811 Partisan 1833 Gladiator	1842 Sweetmeat	1860 Macaroni Jocose 1867 Mac-Gregor Necklace 1880 Mac-Mahon Lady of Hurrel 1889 Y. Mac-Mahon Benedictine	1849 Mac-Corus (R) Emmeline (Kisber)					
		1860 Carnaval Volatile 1878 Scabell Lady Sophie	1886 Amulio, ap) R. Lady Anne (Exminster)					
		1852 Lozenge (Down with t Dust)	1878 Saint-Lô (R) Violette (Womersley)					
	1848 St Simon (St Mt) Sweetlips (Similius)							
	1848 Fight-Away (R) Flighty (Y. Phantom)							
	1849 Aquila (Cassandra)	1869 Ecureuil (R) Jeness (Son)						

48. **Hérod 1758.**

Tableau indiquant la filiation des chevaux de pur-sang de la famille d'Hérod qui ont fait ou font actuellement la monte dans la région vendéenne et charentaise.

1774 Highflyer 1784 Sir Peter 1799 Walton 1811 Partisan 1833 Gladiator	1850 Fitz Gladiator Zarah	1858 Compiègne Maid of hart 1865 Mortemer Comtesse	1874 Beaurepaire R Beauty (Knowsley)	1885 Bolivar p.s.a ar(S) Boule de Neige (Émir p.s.a.ar)
			1878 Montgomme R. Morna (Boardman)	
		1860 Orphelin Sichette	1869 Tabac Miranda	1885 Carrefon (ap) (R. Collerette (Plutus)
			1869 Passe-Père (R) Miss Margot (Royal quand même)	
			1869 Faublas Miss Finch (Orlando)	1877 San Stéfano (ap) R. Dauphine (Monarque)
			1870 Montargis (ap) R Woman-in-red (Wild-Dayrell)	1887 Restrenen (R) Rosita (Florin)
		1869 Gontran (R) Golconde (Lioublion)	1879 Théodorie (R) Mélanie (Aquila)	
		1869 Portugadin Pernelle	1872 Saxifrage Napdash	1887 Gisors (R) Good Night (Orphelin)

GISORS, pur sang
par SAXIFRAGE et GOOD-NIGHT, 1 m. 61 - bai châtain, né le 9 avril 1882
chez M. Paul AUMONT, à VICTOT-PONTFOL (Calvados)

FITZ-MONARQUE, pur sang

par MONARQUE et WOODLARK. 1 m. 61 - bai châtain, né le 15 mai 1868

chez M. Paul AUMONT, à VICTOT-PONTFOL (Calvados)

1774 Highflyer 1784 Sir Peter 1799 Walton 1811 Partisan 1833 Gladiator	1850 Filz Gladiator	1862 Verdugadin 1872 Saxifrage	1883 Artois Cérès	1893 Arlequin III (R) Arthémise (Castillon)
			1884 Monarque Destinée	1894 Danube (S) Didine (Boïard)
				1898 Filz Monarque (R) Woodlark (Skylark)
			1887 Mirabeau (ap) R. Mariannelle (Ruy Blas)	
		1865 Ajax II (R) Agar (Sting)		
		1867 Minotaure (R) Marianne (Sting)		
	1851 Y. Gladiator (ap) (R) Emulia (Y. Emilius)	1865 Gouvernail (R) Goëlette (Don)		
	1852 Spartacus (R) Discrète (Snotham)			

50. **Hérod 1758.**

Tableau indiquant la filiation des chevaux de pur-sang de la famille d'Hérod
qui ont fait ou font actuellement la monte dans la région vendéenne et charentaise.

1774 Highflyer 1784 Sir Peter	1802 Sir Paul Sewart 1813 Paulowitz Eveline 1822 Cain Paynator mare 1835 Ben Margaret	1841 Ionian Malibran	1856 Chalusset (S) Prétendante (Fra Diavolo)	
			1849 Topinambour (S) Eugenia (France)	
		1852 Wild Dayrell Ellen Middleton 1857 Buccaneer Little Red Rover mare 1865 See Saw Margery Daw	1879 Bruce Carac	1894 Monopole II (R) Métropole (Wellingtonia)
			1881 Little Duck Light Ornan	1889 Perdican (R) Peroration II (Pero Gomez)
			1883 Ocean Wave Par Excellence	1896 Trident (S) Lady Coverule (Muncaster)

1780 Chartilier 1804 Rob. Booty	24 Napoléon shy mare	34 Duprez R Eastham			
		35 Ajaccio R Y. Rattler ½ s. ang			
		35 Borisow Y. Rattler ½ s. ang	54 Ulanoff R Eastham		
		35 Marengo a ar Chloris ar	44 Hédéric S Snap ½ s. ang		
			43 Jourdan (app. Müll.) N^e Norm.		
			50 Saltimbanque Sauvage ½ s. n.		
			52 Sénéchal R Saumon ½ s. n.		
		35 Friedland Cloton.	41 Hégésippe Oscar	44 Koenig R et S Vaillant ½ s. ang	49 Paracoste S Massoud a
			42 Illégal S Québec ½ s. n.		
			43 Jemmapes R Mahomet ½ s. n.		
			44 Kellermann R Mahomet ½ s. n.		
			45 Madrigal R Y. Rattler ½ s. ang	54 Madrigal (app.) R N^e Vend.	

1780 Chanticler 1800 Bob Booly 74 Napoléon	35 Eylau a ar Delphine par Massoud ar	41 Prince Eugène St. Mt et R. Captain Candid	48 Vrignaud R Régent ½ s.n.		
		41 Herschell Pretender ½ s. ang.	48 Octave S Regretté ½ s.n.		
		41 Hérode St Mt et R Windcliff			
		42 Impérial Talma ½ s. ang.	48 Olmütz S Berformer ½ s. ang.		
			48 Oracle S ou Hollym ½ s. ang et Ganymede ½ s.n.		
			57 Impérial Jt ½ s.	73 Régulier Navigateur	80 Condor R Jk Norm.
		44 Karmignac R Y. Topper ½ s. ang			
		45 Lucain Talma ½ s. ang.	56 Bourdon R Voltaire ½ s.n.		
			56 Agenda ou Guia et Impérial.	69 Nessus S Ravissant ½ s.n.	75 Tintamarre Jk char. R et S.
				70 Python S Divus ½ s.n.	81 Défenseur S Avant-Garde
					82 Dandy R Wolfram
					83 Kalem S Avant-Garde
				71 Pilote R Alma ½ s.n.	
				72 Quadrifide S Royal quand même	
				72 Quimos R Rapirat ½ s.n.	

<table>
<tr><td>1780 Chantecler
1806 Bob Booty
24 Napoléon
35 Sylvain
45 Lucain</td><td colspan="2">58 Caracalla R.
Voltaire ½ s.n.</td><td colspan="5"></td></tr>
<tr><td></td><td colspan="2">59 Délectable R.
Tipple Cider</td><td colspan="5"></td></tr>
<tr><td></td><td>60 Sgésippe
Tipple Cider</td><td>67 Lasson S.
Kapirat ½ s.n.</td><td colspan="5"></td></tr>
<tr><td></td><td></td><td>72 Question R.
N^t ½ s.</td><td colspan="5"></td></tr>
<tr><td></td><td></td><td>73 Rumex R.
Riga ½ s.n.</td><td colspan="5"></td></tr>
<tr><td></td><td>63 Nabuchodonosor
Negro ½ s.n.</td><td></td><td colspan="5"></td></tr>
<tr><td>Chantecler
Bob Booty
Napoléon
Sylvain
1780 1806 24 35</td><td>47 Noteur
Diomède</td><td>51 Requier
Pick Pocket</td><td>64 Isaïe R.
Lully</td><td colspan="4"></td></tr>
<tr><td></td><td></td><td>52 Séducteur
Faribello</td><td>58 Centaure
Merlerault</td><td>63 Houdon R.
Umber ½ s.n.</td><td>72 Quomodo R.
Amadis</td><td></td></tr>
<tr><td></td><td></td><td></td><td></td><td>64 Ébony S.
Miss Black ½ s.n.</td><td></td><td></td></tr>
<tr><td></td><td></td><td></td><td></td><td>64 Ignace
Lanercost</td><td>69 Nanteuil
N^l au Vent</td><td>74 Soucis R.
Quid Juris</td></tr>
<tr><td></td><td></td><td></td><td></td><td></td><td>71 Pasteur R.
Umber ½ s.n.</td><td></td></tr>
<tr><td></td><td></td><td></td><td></td><td></td><td>72 Quinola R.
Chesterfield Junior</td><td></td></tr>
</table>

Les Fils d'Hérod.

1780 Chanticleer 1804 Bob Booty 94 Napoléon 35 Sylau 47 Acteur 52 Séducteur 58 Centaure	65 Jambes d'argent R. Thorigny ½ s.n.	70 Sᵗ Michel R. Douglas ½ s.n.		
		70 Soulouque R. Cornichon ½ s.n.		
		73 Racine R. Acacia ½ s.n.		
		73 Raphaël (ap) R. Jᵗ Wend.		
		74 Skating R. The Roué		
		74 Scaramouche R. Jᵗ Ireland.		
		74 Spahis R. Pied de chêne ½ s.n.		
		74 Soubise R. ou John Bull et Black Eyes		
		75 Turenne R. Karibou ½ s.n.		
	65 Képi S. Jéricho ½ s.n.			
	67 Législateur Kramer	77 Vampire Désiré	89 Lauréat R. Unal ½ s.n.	
	68 Marengo S. Valdemar ½ s.n.	89 Léotard S. Kalkbrenner ½ s.n.		
	69 Nectar R. Brocardo			

NECTAR, 1/2 sang,

par CENTAURE & une fille de BROCARDO (p. s.), 1 m. 61 - Bai marron - né le 25 Mai 1869
chez M. SÉDILLE à MACÉ (Orne)

1780 Chanticler 1804 Bob Booty 24 Napoléon 35 Sylvia 47 Floteur 52 Séducteur 58 Centaure	69 Neubourg R. Chesterfield Junior			
	69 Nezel S. Lancrost	74 Spécimen S. Carmin ½ s.n.		
		74 Sylvio (ap). R. Emilien		
	70 Oural S. Vladimir ½ s.n.			
	71 Palm Thorigny	76 Utrecht Prétender ½ s. aug.	82 Éphèse R. Quickly ½ s.n.	
	71 Issy (ap) S. Jr. Wend			
	72 Quinault R. Esculape ½ s.n.			
1780 Chanticleer 1804 Bob Booty 24 Napoléon 35 Sylvia 47 Floteur 52 Séducteur	63 Héliogabale R. Governor			
	63 Hussein Mastrillo	69 Néflier R. Sir Henri Dimsdale ½ s. aug.	74 Slave R. Margneux ½ s.n.	
		70 Ordinal S. Ugolin ½ s.n.	75 Tamarin S. Misanthrope ½ s.n.	
			75 Tribun S. Bissextil	
			76 Urfé R. Misanthrope ½ s.n.	
		71 Pluton R. Uzel ½ s.n.		

1780 Chanticleer 1804 Bob Booty 25 Napoléon 35 Eylau 47 Moteur 52 Séducteur 63 Hussein	73 Roc R. Sinope 1/2 s.n. 74 Soudard R. Dioné 1/2 s.n.		
1780 Chanticleer 1804 Bob Booty 24 Napoléon 35 Eylau 47 Moteur 52 Séducteur	68 Mémorable S Centaure 1/2 s.n. 69 Novus R. Fitz Pantaloon. 70 Oscar R. Fitz Pantaloon	74 Sophocle R ou Douglas Pied de Chêne 1/2 s.n. 76 Uchard R. Parfait 1/2 s.n. 80 Callisthène R Liban 1/2 s.n.	95 Rex (acc) R. Samson 1/2 p.ang.
1780 Chanticleer 1804 Bob Booty 24 Napoléon 35 Eylau 47 Moteur	54 Uranus R. Faliéro 1/2 s.n. 55 Volant Tipple-Cider 67 Lodi Solide	71 Philoctète R. ou Dictateur et Priam 1/2 s.n. 76 Udor R. Forey 1/2 s.n. 82 Eragny R. Shamrock 1/2 p.ang	

LAHIRE, 1/2 sang,
par NOTEUR & une fille de SOLIDE, 1 m. 63 - Bai châtain - né en 1867

1780 Chanticleer · 1804 Bob Booty · 24 Hyperion · 35 Eylau — 47 Retour	67 Lahire R. — Solide ½ s.n	73 Romuald R. — Jambes d'argent ½ s.n	78 Arius R. — Chantonnay ½ s.v	91 Niort R. — R.
			81 Decrescendo S. — Mendon ½ s.n	89 Latude S. — Ordinal ½ s.n
				91 Macville R. — Kalife ½ s.n
				91 Nick (ap) S. — Héliodore ½ s.n
			81 Diapason R. — J. Vend.	
			85 Héros R. — Kapirat II ½ s.n	
			86 Isieu S. — Kapirat II ½ s.n	
		73 Roquelaure R — Necker ½ s.n		
		74 Solide R. — Necker ½ s.n		
		79 Brocardo R. — John Bull ½ s.n		
		83 Falkirk S. — Nique ½ s.n		
1780 Chanticleer · 1804 Bob Booty · 24 Napoléon · 35 Eylau	55 Volage R. — Varrure			
	58 Certain R. — Adolphus			

Mot Camel *13 Merlin* *27 Wanda*	32. The Juggler· Pantheenesteca.	38 Épaminondas S.Mt Railleur ½ s.n.	
		38 Faublas S.Mt Mustachio	
		38 Excellence Y. Topper ½ s.ang.	45 Marabout R. J.c Norm.
		39 Farfadet S.Mt.R. Nérestan ½ s.n.	
		39 Frondeur S.Mt.R. Nérestan ½ s.n.	
		39 Gallien S.Mt.R. Lucholl ½ s.ang.	
		39 Gracieux S.Mt.R. Y. Rattler ½ s.ang.	
		39 Gustin R et S. Y. Topper ½ s.ang.	
		39 Général Prosélyte ½ s.ang.	56. Apôtre R. Émule ½ s.n.
			58 Calderon R J.c ½ sang.
		41. Harpagon S.Mt.R. Y. Topper ½ s.ang.	
		45. Hospitalier S.Mt Prosélyte ½ s.ang. et R.	
		45 Laurier R. North Star ½ s.ang.	
		46 Madras R. Cleveland ½ s.ang.	
		47 Newmarket Voltaire	60 Exemple S. Don Quichotte a.u.
		48 Outil R. Voltaire ½ s.n.	
		49 Profond S. Mahomet ½ s.n.	

VANGA, 1/2 sang,

par YELLOW, p. s. a. (app.) & BIBICHE, par TERME, 1 m. 64 - Alezan - né en 1899
chez M. F^{is} HARDY, à MACHECOUL (Loire-Inf^{re})

87 Buzzard / 1801 Castrel / 1815 Merlin	27 Paradox / Pawn	39 Fox S.t M.t / Proselyte 1/2 s. ang			
87 Buzzard / 1805 Rubens	1819 Holbein / Golumpus mare	30 Ormesby R. / Y. Rattler 1/2 s. ang.			
	1829 Copper Captain / Cervantes mare	28 Milon R. / Tigris			
87 Buzzard / 1798 Guy / 1812 Tigris	37 Espérance a. ar. / Dolphine / par Massoud ar.	38 Espérance R. / J.t Limousine			
87 Buzzard / 1801 Castrel / 34 Pantalon	47 Fitz Pantaloon / Rebuff	53 Tacite S.t M.t / Voltaire 1/2 s.n.			
		54 Ultra R. / Royal - Oak			
		54 Urbain S. / Impérieux 1/2 s.n.			
		61 Tramboisy R. / Galion 1/2 s.n.			
87 Buzzard / 1803 Sultan / 16 Sultan / 33 Hay Middleton / 46 The Flying Dutchman	60 Dollar	78 Saumur	88 Clamart / Princess Catherine	1902 Chalais S. / Cherbourg 1/2 s.n.	
	66 Boxeur / Dulcinée	73 Lucterius S. / Y. Baba 1/2 s. ar.			
	66 Dutch Skater / Tulipe	87 Yellow (ap) R. / Miss Hannah	99 Vanga R. / Terme 1/2 s.n.		

84 Sir Peter 99 Walton 1808 Phanton		31 Bon. Ton. St M.t Skim	42 Mareuil R. Asdrubal 1/2 s. lim. 44 Y Bon Ton R. Asdrubal 1/2 s. lim.				
84 Sir Peter 99 Walton 1808 Phanton 17 France		26 Sylvio Rubens	35 Don. Quichotte Moina. a. ar.	42 Idalis Chapman 1/2 s. ang.	53 Taconnet Faust	58 Chance R. Royal - Oak	
						58 Carignan Morlerault	64 Introuvable Ganymède	72 Quid S. J.t 1/2 s.
							71 Palinot S. Thésée 1/2 s. n.
							71 Pinacle S. Francfort 1/2 s. n.
						62 Jessica R. J.t Norm.	
						64 John-Bull R. Sultan 1/2 s. n.	72 Quesnoy R. Necker 1/2 s. n.
						65 Harnicot R. Tallien 1/2 s. n.	
						65 Jackson J.t 1/2 sang.	76 Ultramondin The Hair of linne
						73 Sabinus R Centaure 1/2 s. n.	

84 Sir Peter 99 Walton 1808 Phantom 17 France 26 Sylvio 35 Don Quichotte 42 Idalie	60 Élu Tipple Cider	66 Jactator Eylau a ar	70 Oriental Emir ar	76 Uranium R. Thorigny 1/2 s.n.		
				85 Herculanum R. Kilogramme 1/2 s.n.		
			71 Pausanias Trouville	78 Wasa S. St. Simon		
			72 Quitter S. Coleraine 1/2 s. ang			
			73 Sénéchal ou Estafette et Libérator 1/2 s. ang	81 Dimitri R. Beaumarchais 1/2 s.n.		
				84 Gratin R. Pancrace 1/2 s.n.		
			79 Bonnaire Pouci	88 Kepler S. Patrick 1/2 s.n.		
			79 Beauregard R. Nicomte 1/2 s.n.			
			79 Barrabas Niger	85 Hérode Séducteur	92 Octidi R. Zut	
				93 Pacha Valdempierre	98 Un Consciencieux Calas 1/2 s.n. R.	
		67 Lion d'Or Centaure	73 Rapp S. Sammam ar			
		76 Unkel R. Utrecht 1/2 s.n.				
		76 Unorthodox Noteur	82 Encens S. Bassompierre 1/2 s.n.			

Les Fils d'Hérod

84 Sir Peter 99 Walton 1808 Phaeton 17 France 36 Sylvio 35 Don Quichotte 42 Idalis 60 Esü	76 Usquebac Moteur	85 Habeo Jéricho	91 Neufchatel R. Ray-Grass ½ s.n.					
		86 Intérim Inkermann	94 Quamobrem R. Milanais ½ s.n.					
	79 Beautiful Esculape	84 Gibraltar ou Sirec & Ugolin	91 Konus R. Gourmet					
85 Sir Peter 80 Walton 1808 Phaeton 17 France 26 Sylvio 55 Don Quichotte	47 Noë Mouton	53 Torricelli S.Me Burleigh ½ s.ang.						
	49 Prince Marengo a ar	54 Utrecht Eylau a ar	59 Divan Moteur	64 Invariable Brocardo	69 Newton Ravissant	74 Suleyman S. Divus ½ s.n.	87 Jalon S. Lazzarone a ar	
						74 Sem R. Jongleur ½ s.n.		
						76 Ustor S. The Heir of Linne		
						77 Viterbe S. Kapirat ½ s.n.		
						80 Calvin R. Jarnac ½ s.n.	88 Karral S. Queymadero ½ s.n.	93 Paysan R. Arcole ½ s.n.
		60 Esculape Koenigsberg	65 Janina S. Voltaire ½ s.n.					
			67 Lancaster R. Redge ½ s.n.					
			67 Linon S. Thorigny ½ s.n.					
			68 Messager R. Saklawi ar	77 Vanves S. Madrigal ½ s.n.				

84 Sir Peter 99 Walton 1808 Phantom 17 France 26 Sylvio 35 Don Quichotte 49 Prince 54 Utrecht	61 Tabuleux R. Noteur ½ p. n.				
	61 Franconi S. Héraclius ½ p. n.				
	64 Inkermann Koenigsberg	70 Oui Destin	76 Unkiar R. Libérator ½ p. ang.		
	65 Joyau S. Abrantès ½ p. n.	74 Saujonnais S. Mériadec			
	67 Michel S. Tipple-Cider				
84 Sir Peter 99 Walton Phantom 17 France 26 Sylvio 35 Don Quichotte 49 Prince	60 Etourneau S. Wanderer ½ p. ang.	75 Etourneau (ap) S. Cambronne ½ p. n.			
	60 Etoffé R. Boléro				
	64 Ipsus S. Récollex ½ p. n.				
	65 Kahel Herschell	71 Puiset S. Adolphus			
84 Sir Peter 99 Walton Phantom 17 France 26 Sylvio 35 Don Quichotte	50 Quiproquo S. m. 8e ½ p.				
	55 Sancho 8e Morm	65 Jupiter R. Vautour ½ p. n.	76 Usurpateur R. Joly. ar	81 Dante R. Malthus ½ p. n.	
				92 Eclair (acc) R. Prince ½ p. russe (ap)	
	59 Duroc S. Eastham				

84 Sir Peter 99 Walton 1808 Phantom 17 France 36 Sylvic	35 Doyen Buffalo ½ s. ang.	46 Martel R. Paradox				
		49 Paysan S.Mc Oscar ½ s. m.				
	36 Cornichon R. Vaillant ½ s. ang.	48 Cornichon I (ap) R. Gt. Wend.				
		48 Sallertaine R. Glorieux ½ s. m.				
		50 Cornichon II (ap) R. Intact ½ s. m.	59 St. Aymant (ap) S. Gt. Wend.			
		52 Cornichon (ap) R. Gt. Wend.				
		57 Aramis (ap) R. Gt. Wend.				
		60 Verruys (ap) R. Intact ½ s. m.				
	36 Danube S.Mc Vaillant ½ s. ang.					
	37 Dactyle S.Mc Cleveland ½ s. ang.					
	37 Delinquant R. Talma ½ s. ang.					
	38 Gustave S.Mc Y. Rattler ½ s. ang.					
	39 Tacchino R. Pretender ½ s. ang.					

Les Fils d'Hérod

Left margin (vertical):
84 Sir Peter · 99 Walton · 1808 Phantom · 17 France · 36 Sylvio

39 Flosculus R. Railleur ½ s. n.		55 Vesale S¹ M¹ Kœnigsberg ½ s. n.		
39 Faliero Dart ½ s. ang.	48 Ottoman Baoly	56 Argos Kœnigsberg	71 Privas R. Fernando ½ s. n.	
		57 Ottoman Débardeur	66 Libéral R. Phœnomenon ½ s. ang.	
			69 Olympien S. Nestor ½ s. n.	
		60 Estafette Télégraph ½ s. ang.	67 Latude S. Pledge ½ s. n.	
		67 Lafontaine Sultan	74 Sinople S. Licteur ½ s. n.	
41 Hoche S. Impérieux ½ s. n.				
41 Hussard R. Impérieux ½ s. n.				
43 Jacquemin R. aj. Topper ½ s. ang.				
44 Kangiar Re S. Sauvage ½ s. n.				
44 Kérile S. Friedland				

Les Fils d'Hérod.

86 Sir Peter 90 Buffon 1828 Muntam 17 Cyrus 26 Sylvio	44 Rosack Norm et S. Trotteur	59 Energique R. Tr Norm.		
		60 Energique Herschell	67 Lucifer R. ou Pater et Augereau ½ s.n.	
	44 Kadinor Railleur	49 Printemps Friedland	55 Vagabond R. Tr Norm.	
			57 Bélisaire S. Ganymède ½ s.n.	
			58 Condé Performer	73 Raymond R. Fitz-Pantaleon
			59 Décaméron S. Friedland ½ s.n. (ap)	
	45 Ligier R et S. Tr Railler ½ s ang			
	45 Linot St Ht Friedland			
	45 Lycomède R. Railleur ½ s.n.			
	45 Lionceau Xerxès	57 Botzaris R. Diomède ½ s.n.		
		60 Eclatant (ap) R. Rapirax ½ s.n.		
		61 Frontignac S. Imposteur ½ s.n.		

Sir Peter — Walton — Manton — Orisse — Sylvio 84 / 90 / 1808 / 17 / 96	45 Ramsay Emalina	51 Ravissant Voltaire	66 Libérateur S. ou Etendard et Lagopède ½ s.n.		
		51 Rivoli Junot	63 Héron S. Licteur ½ s.n.		
		52 Séduisant S. J^t Norm.			
		54 Upsal S. The Juggler			
		54 Urville S. Ganymède ½ s.n.			
		57 Boursault S. J^t Norm.			
	46 Marocain R. Cleveland ½ s. ang.				
	46 Nazareth S. ou Marmot — et Vénus ½ s.n.				
	50 Prince Colibri Friga	57 Barbier S. Hospodar ½ s.n.			
	54 Bravo Belle de nuit	65 Java Camisard		76 Usky R. Scolier	82 Usky (aoe) R. R.
		69 Macqueville S. Perfection ½ s.n.			
		71 Peloton R. J^t ½ sang.			

68. Highflyer 1774.

84 Sir Peter / 94 Walton / 1811 Partisan	33 Venison / 49 Buckthorn	66 Glaneur R. / Alma	76 Unitaire R. / J.te de l'État.			
			77 Valdaï S. / Necker 1/2 s.n.			
			78 Ambert S. / J.te 1/2 sang			
			78 As de Cœur S. / J.te Vend.			
	33 Gladiator / Pauline	42 Sweetmeat	62 Lozenge / Down with the Dust	77 Vice Amiral R. / Luther 1/2 s.n.		
			57 Parmesan / 73 Camembert	83 Follet / Valdemar	90 Médaillon S. / Andromède 1/2 s.n. (ap)	
					92 Oliban R. / Upas 1/2 s.n.	1897 Trompeur S. / Valide 1/2 s.n.
						1901 Bourlon R. / Hérode 1/2 s.n.
						1902 Chérac S. / Helvétius 1/2 s.n.
					95 Recto R. / Hérode 1/2 s.n.	
					96 Sandy R. / Eobly 1/2 s.n.	
					97 Tamar S. / Ecarté 1/2 s.n.	

OLIBAN, 1/2 sang

par FOLLET et RASE-TOUT, par UPAS, 1 m. 61 - bai marron, né le 26 mars 1892

chez M. LAROSE, à AUDOUVILLE-LA-HUBERT (Manche)

NICODÈME, 1/2 sang

par HELVÉTIUS et JAHEL, par TERME, 1 m. 65 · alezan, né en 1891

chez M. CORNEVIN (Louis), A LA VERRIE, CHALLANS (Vendée)

84 ...ter 99 Walton 1311 Partisan 33 Gladiator	50 Filz-Gladiator Zarah	59 Télégraph Mika	72 Quatre-Temps Phœnomènon ½ s. aug.	83 Tenay R. Marqueux ½ s.n.	90 Marx (née) R. Caribert ½ s.n.	85 Hop R. Victorieux ½ s.n.	91 Nemours Thein	1900 Argot R. Fulminant ½ s.n.
		59 Orpheline Echelle	69 Passe Père R. Miss Margot	84 Géranium R. Terme ½ s.n.		87 Job R. Ugolin ½ s.n.	92 Dilon R. ou Galant II et St Rigomer ½ s.n.	
			69 Herwinde R. Brimstone	89 Chasseur (née) R. N.	77 Vautrain Dictateur	78 Amilcar R. Gall ½ s.n.		
		60 Tremouille ou Tipple-Cider et Clémentine	67 Lumineux Jt Norm.	72 Chiclet Sultan		78 Aristocrate Extase	83 Fumet Phare	
					79 Banyuls Solide	84 Gavrus R. Aster	85 Helvétius R. Ugolin ½ s.n.	90 Magenta R. Terme ½ s.n.
							90 Mystère R. Liban ½ s.n.	97 Tunis (née) R. N.
							91 Nicodème R. Terme ½ s.n.	
							93 Satin R. Julien ½ s.n.	

Ancestry	Produce	Produce					
Sir Peter 84 / Walton 99 / Partisan 1811 / Gladiator 33 / Fitz Gladiator 50 / Brunville 60 / Lumineux 67 / Quiclet 72 / Banyuls 79 / Helvetius 85	94 Guipos R. — Black-Eyes 94 Guérigut R. — Beauvoir 1/2 p.v. 95 Romuald (ap) R — Julien 1/2 s.n.						
Sir Peter 84 / Walton 99 / Partisan 1811 / Gladiator 33 / Fitz Gladiator 50 / Brunville 60 / Lumineux 67 / Quiclet 72	85 Houdon S. — Hidalgo 1/2 p.n. 87 Jaffa S. — Abrantès 1/2 s.n.						
Sir Peter 84 / Walton 99 / Partisan 1811 / Gladiator 33 / Fitz Gladiator 50 / Brunville 60	68 Muphti — Homère 69 Nougat R — 7e ang. 73 René S. — Séducteur 1/2 s.n.	75 Tartare R — Spéculum 1/2 s.n.					
Sir Peter 84 / Walton 99 / Partisan 1811 / Gladiator 33 / Fitz Gladiator 50 / Compiègne 53 / Mortimer 65	74 Beaurepaire R — Beauty 78 Montgomme R — Morna	96 Santiago S. — Urville 1/2 s.n. 93 Max (acc) R — N.					
Sir Peter 84 / Walton 99 / Partisan 1811 / Gladiator 33 / Fitz Gladiator 50 / Ptarmigan 62	72 Saxifrage — Rapdash	80 Conscrit R — Centaure 1/2 s.n. 81 Dagobert R — 7e ang.					

70 bis

QUIPOS, 1/2 sang,

par HELVÉTIUS & N... par BLACK EYES (p. s.) 1 m. 63 - Alezan foncé - né en 1894
chez M. VRIGNAUD, au hameau, St HILAIRE de RIEZ (Vendée)

70 bis

DAGOBERT, 1 2 sang,

par SAXIFRAGE (p. s.) & DIANE, ½ ang. 1 m. 61 - Bai acajou - né le 4 Mai 1881
chez M. CHÉDEVILLE à ARGENTAN (Orne)

Les Fils d'Hérod.

Highflyer 1774.

<table>
<tr>
<td rowspan="5">54 Sir Peter
59 Walton
1811 Partisan</td>
<td>33 Gladiator
50 Fitz Gladiator
62 Gontran</td>
<td>72 Chassenon -
Marguerite d'Anjou</td>
<td>83 Octave (ap) R.
ou Danube
et Beauvais</td>
<td></td>
<td></td>
<td></td>
<td></td>
<td></td>
</tr>
<tr>
<td rowspan="4">33 Gladiator
50 Fitz Gladiator</td>
<td rowspan="4">74 Maubourguet
Florence</td>
<td rowspan="4">83 Croissant a. ar. (S)
Circé a. ar.</td>
<td>88 Kiosque II S.
Quibler ½ s.n.</td>
<td></td>
<td></td>
<td></td>
<td></td>
</tr>
<tr>
<td>90 Martinet R.
Torcol ½ s.n.</td>
<td></td>
<td></td>
<td></td>
<td></td>
</tr>
<tr>
<td>91 Nageur (ap) S.
Torcol ½ s.n.</td>
<td></td>
<td></td>
<td></td>
<td></td>
</tr>
<tr>
<td>93 Président S.
Torcol ½ s.n.</td>
<td></td>
<td></td>
<td></td>
<td></td>
</tr>
<tr>
<td rowspan="4">33 Gladiator</td>
<td>55 Guignolet</td>
<td></td>
<td>58 Malakoff
Adolphus</td>
<td>70 Oliban S.
Talleyrand ½ s.n.</td>
<td></td>
<td></td>
<td></td>
<td></td>
</tr>
<tr>
<td rowspan="3">55 Ventre St Gris</td>
<td rowspan="3">64 Dragon
Voyageuse</td>
<td rowspan="3"></td>
<td>71 Pamphile R.
Ugolin ½ s.n.</td>
<td></td>
<td></td>
<td></td>
<td></td>
</tr>
<tr>
<td>71 Phidias R.
Succès ½ s.n.</td>
<td></td>
<td></td>
<td></td>
<td></td>
</tr>
<tr>
<td>74 Schiller
Vice-Roi</td>
<td>80 Côte d'Or S.
Invariable ½ s.n.</td>
<td></td>
<td></td>
<td></td>
</tr>
</table>

Les Fils d'Hérod

Highflyer 1774.

<table>
<tr>
<td rowspan="3">84 Sir Peter
99 Walton
1844 Partisan</td>
<td>24 Mameluke</td>
<td>40 Chaclas
Roëmie</td>
<td>51 Suppliant R.
Oscar 1/2 p.n.</td>
<td></td>
<td></td>
<td></td>
</tr>
<tr>
<td>33 Venison
44 Red-Hart</td>
<td>58 Sincérity
Intégrity</td>
<td>74 Sancy S.
Héliotrope 1/2 p.n.</td>
<td></td>
<td></td>
<td></td>
</tr>
<tr>
<td>30 Glaucus
38 Tita Noll
49 The Nabob</td>
<td>61 Vermout
Vermeille</td>
<td>76 Ulter R.
Séducteur 1/2 p.n.</td>
<td></td>
<td></td>
<td></td>
</tr>
<tr>
<td rowspan="8">84 Sir Peter
99 Walton</td>
<td rowspan="6">1847 St Patrick</td>
<td rowspan="6">28 Pick-Pocket
Hedley-mare</td>
<td>37 Diacre Nor et S.
Y. Rattler 1/2 p. ang</td>
<td>44 Moricq R.
Jt Wend.</td>
<td>50 Moricq II (ap) R.
Jt Vend.</td>
<td></td>
</tr>
<tr>
<td>38 Edmond R.
Eastham</td>
<td></td>
<td></td>
<td></td>
</tr>
<tr>
<td>39 Grammont St Mc et R.
Impérieux 1/2 p.n.</td>
<td></td>
<td></td>
<td></td>
</tr>
<tr>
<td>40 Goëland R.
Y. Rattler 1/2 p. ang</td>
<td></td>
<td></td>
<td></td>
</tr>
<tr>
<td>40 Harpalès S.
Voltaire 1/2 p.n.</td>
<td></td>
<td></td>
<td></td>
</tr>
<tr>
<td>40 Rinalto
Henrica</td>
<td>50 Questembert S.
Marcellus</td>
<td></td>
<td></td>
</tr>
<tr>
<td rowspan="2">1808 Rainbow</td>
<td rowspan="2">30 Hercule
Amiable</td>
<td>38 Arweed St Md et R.
Queen-Mab</td>
<td>47 André R.
Bitume 1/2 p.n.</td>
<td></td>
<td></td>
</tr>
<tr>
<td>44 Képi
Sylvio</td>
<td>49 Porphyrion R.
Xerxès 1/2 p.n.</td>
<td></td>
<td></td>
</tr>
</table>

Les Fils d'Hérod

84 Sir Peter / 99 Walton / 1808 Rainbow / 30 Hercule	44 Kramer / Chasseur	50 Quotidien / Hector	55 Winder S. / Tipple Cider				
		51 Raglan / Impérieux	56 Azoff R. / Débardeur ½ o.n.				
	44 Langlois R. / Impérieux ½ o.n.						
	48 Kosciusko (ap) / Mameluke S.m d R.						
84 Sir Peter / 99 Walton / 1808 Rainbow	32 Jason / Léopoldine	42 Influent R. / Eastham					
		46 Cultivateur / Bob Warwick ½ p.ang	51 Cultivateur / Royal	72 Quatrevaux R / Paddy ½ o.n.			
		47 Naucrate R / Eastham	69 Naucrate II (ap) R / Y.r Vend.				
84 Sir Peter / 1800 Sir Oliver	1818 Eastham / Cowslip	27 Pegase / Y. Rattler ½ s.ang	32 Ultimatum S.mr / Engageant ½ s.n.				
		28 Régent S.mr / Highflyer ½ s.ang					
		28 Chasseur / Y. Rattler ½ s.ang	36 Carnassier / Oscar	50 Quarter S. / Marengo a ar			
			38 Egus / Jaggar ½ s.ang	45 Lucullus R / Vampire			
				47 Nasco S.mr / Emule ½ s.n.			
			44 Kénéral R. / Xerxès ½ o.n.				
			45 Lindor R. / Y. Rattler ½ s.ang				

Les Fils d'Hérod

84 Sir Peter
1800 Sir Oliver
18 Eastham

39 Emule Y. Rattler ½ s. ang.	**36 Emulus R.** Y. Rattler ½ s. ang.		
	38 Gange S.t Math. Prosélyte ½ s. ang.		
	38 Expert Y. Rattler ½ s. ang.	**44 Koenigsmark S.t M.t** Jaggar ½ s. ang.	
	38 Extrême Talma ½ s. ang	**44 Koff S.t M.t** Marmot ½ s. n.	
	39 Favori Y. Topper ½ s. ang.	**43 Kappa S.t M.t** Sylvio	
		50 Quotient S.t M.t Y. Cydnus ½ s. ang.	
	39 Forfait S.t M.d R. Bol. Warwick ½ s. ang.		
	41 Helder S.t M.d R. Chasseur ½ s. n.		
	42 Important Pick Pocket	**49 Parfait Norm. S.t M.t d R.** Biron	**55 Villars S.** N. Voltaire ½ s. n.
			56 Acacia R. Falièro ½ s. n.
			65 Amen R. J.t Norm.
	42 Intact S.t M.d R. ou Voltaire et Y. Topper ½ s. ang.		
	42 Inconstant Y. Topper ½ s. ang.	**47 Nègre S.t M.t** J.t ½ s.	

84 Sir Peter 1800 Sir Oliver 18 Eastham 30 Émule	43 Jocrisse S.t M.r S. The Juggler					
	44 Molière R. Voltaire 1/2 s.n.					
84 Sir Peter 1800 Sir Oliver 18 Eastham	30 Amadis S. Cauvois	39 Trosse S.t M.r k. J.t Espagnole				
		46 Beauvoir R.n S. Alasho 1/2 s. meck.				
		47 Nisus S.t M.r Délicat 1/2 s.n.				
		48 Viennois S.t M.r J.t Wend.				
		49 Y. Amadis R. Tigris				
		49 Guillot R. J.t Wend.				
		50 Jacques II S. J.t Wend.				
	31 Phaëton S.t M.r k. Highflyer 1/2 s. ang.					
	31 Triops R. Y. Rattler 1/2 s. ang.					
	31 King S. Highflyer 1/2 s. ang.					
	31 Fortuné a. ar. Delphine par Massoud ar.	36 Richard a. ar. Don Cossack mare.	43 Kali R. Bob Warwick 1/2 s. ang.			
			45 Lancelot R. Railleur 1/2 s.n.			

76. Highflyer 1774.

34 Sir Peter 1800 Sir Oliver 18 Eastham	31 Fortune		
		37 Délicat S.t M.t et R. Jaggar 1/2 s. ang.	
	39 Urbin S.t M.t Vagabond		
	32 Unique S.t M.t Héraclius 1/2 s. ang.	41 Y. Unique S.t M.t X.r 1/2 s.	
		46 Unique S.t M.t J.r Vend.	
	34 Basly (D. J. C.)	40 Hermias S.t M.t Y. Rattler 1/2 s. ang. R et S.	
		41 Hortensius R. Wanloo 1/2 s. ang.	
	38 Tréjus S.t M.t et R. Impérieux 1/2 s. n.		
	39 Fatime S. Martagon 1/2 s. n.		
	39 Fish-Tail S.t M.t Pope 1/2 s. ang.		
	39 Glorieux S.t M.t Bob Warwick 1/2 s. ang. et R.		
	39 Goujat S.t M.t Bob Warwick 1/2 s. ang.		
	40 Guy R. Bob Warwick 1/2 s. ang.		
	41 Herculanum S.t M.t et R. Orgon 1/2 s. n.		

84 Sir Peter 1800 Sir Oliver 18 Eastham	42 Intrigant t Adonis ½ s n. 44 Kimi k et s. Prosélyte ½ s. ang.					

Les Fils d'Eclipse

Emploi dans la région Vendéenne et Charentaise
de 1822 à 1906 des Etalons du sang d'Eclipse

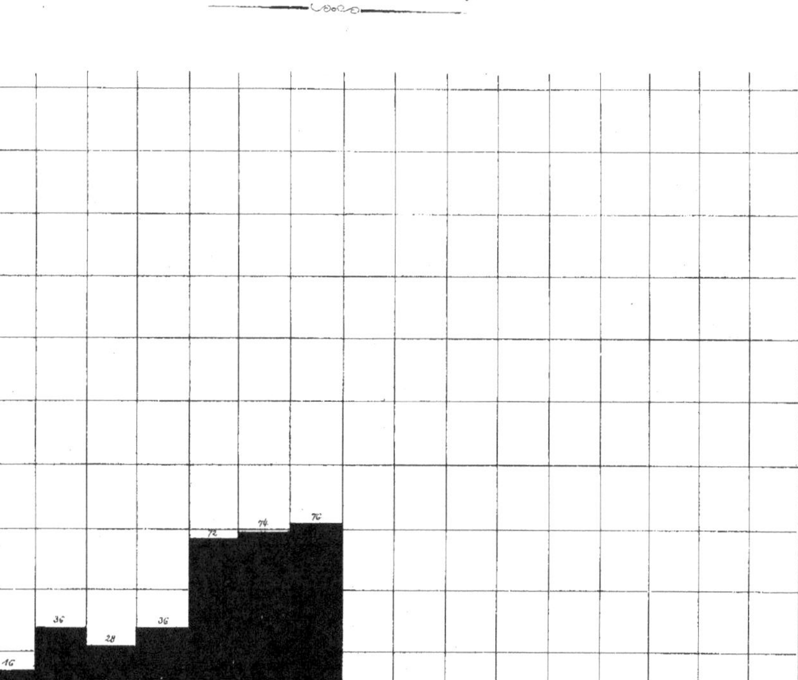

Les 345 étalons du sang d'Éclipse qui ont fait la monte dans la région vendéenne et charentaise, de 1822 à 1906, se divisent en un certain nombre de groupes dont les principaux sont les suivants :

Descendants de :

The Heir of Linne — 62

- Pactole 12
- Phaëton 42
  - Gallo 6
  - Marly 9
  - James-Watt 6
  - Divers 21
- Divers 1
- Hale boy 10
  - Ceylon 14
    - Lapoteran 13
    - Divers 1
  - Divers 1
- Divers 2

Royal Oak — 152

- Pledge — 104
  - Victorieux 54
    - Pater 54
      - Quibbler 36
        - Kellermann 14
        - Divers 22
      - Divers 18
  - Abrantès 19
    - Français 14
      - Lord 8
        - Queyman Loris 8
      - Divers 6
    - Divers 5
  - Divers 31
- Montcalm 16
- Hick 16
  - Cyprique 15
    - Kermde 14
    - Divers 1
  - Divers 1
- Divers 32

Cripple-Cider 14

Des Caractères propres aux principaux représentants de la famille D'Eclipse

The · Heir · Of · Line — Pactole.

Pactole — Il avait un bon dessus, de la distinction, mais il était médiocre dans l'épaule, pas assez fourni dessous, avec des jarrets osseux, intérieurement. Il a été employé pendant 14 ans à St Gervais et il y a joui d'une grande vogue à cause des aptitudes trotteuses qu'il donnait à ses produits.

The · Heir · Of · Line — Phaëton — Galba.

Phaëton — Plein de sang et de distinction, on lui reprochait cependant sa cuisse, pas assez descendue et ses jarrets étroits.

Galba — Alezan, avec beaucoup de blanc et des crins lavés, il avait une certaine distinction dans l'avant-main, était assez bien fait dans son corps très musclé dans le rein et avait des allures exceptionnellement hautes, mais il était court de partout, rond, trop rabattu dans l'arrière-main et léger de membres.

The · Heir · Of · Line — Phaëton — Harley — Prince · Noir.

Prince-Noir — Rond de partout, mais plus particulièrement dans l'épaule, avec un dessus médiocre, des membres pas assez fournis et des jarrets mal coupés, il était d'un modèle peu séduisant, mais sa musculature était remarquable, il produisait des trotteurs vites, et il a été pour ce motif, apprécié de certains éleveurs.

The · Heir · Of · Line — Phaëton — James Watt.

James Watt — Un corps remarquable d'élégance et d'harmonie, assez puissant pour son degré de sang, construit en beau cheval de selle, ses membres étaient suffisants, mais la coupe des jarrets laissait un peu à désirer et les jardons surtout le droit, étaient près.

Iddle Boy — Ceylon — Lazzarone.

Lazzarone — De conformation peut-être un peu heurtée, avec l'encolure courte et le dos un peu bas, il avait des membres forts qu'il transmettait à ses produits. Employé à Saintes, il a laissé d'excellentes traces de son passage dans la région de St Thomas de Conac avoisinant le Médoc. L'accouplement de ses filles avec Quibbler a souvent donné de bons résultats.

Royal Oak — Pledge — Victorieux — Pater — Quibbler — Kellermann.

Royal Oak — a toujours été considéré comme un étalon de premier ordre, par sa conformation et sa manière de produire.

Pledge — Il avait la tête longue, le dos pas assez soutenu, un tempérament peu énergique, mais des lignes, un bon modèle général et une belle nature de membres. Il reproduisait son type avec fixité.

Quibbler — Avec de grandes lignes et de l'harmonie, il avait un beau dessus, des hanches longues et bien dirigées, des fesses musclées, mais ses jarrets étaient un peu étranglés, ses canons antérieurs auraient pu être plus fournis, et si ses allures étaient belles, elles étaient tout à fait d'un cheval d'attelage, service pour lequel il paraissait, d'ailleurs particulièrement apte.

Kellermann — Trop horizontal dans ses lignes d'arrière main, avec des angles trop ouverts, il avait des lignes très étendues, de la profondeur, beaucoup d'ampleur générale et de l'harmonie dans l'avant-main. Il a laissé, dans la région de Rochefort, beaucoup d'excellentes poulinières.

Royal Oak — Pledge — Abrantès — Français — Lord — Queymadero.

Abrantès — Il laissait à désirer dans son attache de tête et dans son dessus, son encolure était courte, mais il avait des membres forts et des allures.

Français — Il laissait à désirer dans sa tête, dans son encolure courte, mais il était remarquablement près de terre, très complet dans son ensemble avec beaucoup de membres.

Queymadéro — Il manquait de distinction dans l'avant-main, mais il avait de la puissance, de l'ampleur, de la longueur de lignes; ses membres antérieurs étaient un peu légers, mais de bonne nature.

Merlerault — Hick — Typique — Hérode.

Merlerault — Ce cheval de 1ᵐ60, d'une bonne conformation, quoiqu'un peu rond de forme, donnait du gros, assez de taille et des allures. Cependant ses produits manquaient quelquefois, comme lui, de membres et de netteté dans les jarrets.

Typique — Du sang, de la physionomie, pas assez de corsage ni de muscles, l'encolure un peu fausse, les rayons postérieurs courts, mais des membres forts et de bonne nature.

Hérode — C'était un très bon cheval, régulier dans son ensemble, remarquable dans son épaule et sa profondeur de poitrine; la croupe était un peu haute et ronde et le dessous aurait pu être plus fourni.

Tipple - Cider

Tipple - Cider — Quoiqu'un peu léger dessous, il était d'un magnifique modèle, avec une conformation régulière, des lignes longues et des moyens. Il ne s'est pas toujours reproduit avec autant de régularité qu'on aurait pu l'espérer; à côté d'animaux d'élite, il a fait aussi des chevaux ordinaires, légers de membres et manquant de muscles dans l'arrière-main.

Eclipse (1764).

Tableau indiquant la filiation des chevaux de pur sang de la famille d'Eclipse qui ont fait ou font actuellement la monte dans la région vendéenne et charentaise.

Eclipse (1764)						
1773 Pot 8·oo Sportmistress 1790 Whœy Maria 1807 Whalebone Pénélope	1822 Camel Selim mare 1831 Touchstone Banter	1841 Orlando Vulture	1855 Fitz Roland Stamp	1870 Paladin (ap) S Queen Bertha (Kingston)		
	1822 Château Marguaux Wasp 1830 Claret Fortisan mare	1841 Ithuriel Verbena 1848 Longbow Miss Bowe 1855 Toxophilite Legerdemain	1851 Marsyas Malibran 1871 George Frédérick The Princess of Wales	1880 Frontin Frolicsom	1893 Friedland II (R) Valéria (Foxhall)	
		1847 The Roué (R) Roulette (Philipp The First)	1876 Bay Archer Flurry	1885 Le Rieulort (R) La Rosière (Consul) 1894 Saigon (S) Segresme (The Peer)		
			1867 Musket W. Australian mare	1882 Nordenfeldt Chyse	1888 Hernchaser (aut)(R) Crinoline Lord Lyon 1889 Mousquetaire (aut)(R) Frailty (Goldsborough)	

Tableau indiquant la filiation des chevaux de pur-sang de la famille d'Eclipse qui ont fait ou font actuellement la monte dans la région vendéenne et charentaise.

1773 Pot 8 os 1790 Waxy 1807 Whalebone 1822 Camel 1831 Touchstone 1844 Orlando	1855 Trumpeter Cavatina (Redshank)	1863 Plutus Hazel mare	1869 Parnasse Brown mare	1876 Courtois Courtoisie	1890 Eucalyptus (S) p.s.a.ar Sphraïne p.s.o.ar (Ephraïm ar.)	
				1870 Flagolet La Favorite	1876 Zut (norm.et S) Regalia (Stockwell)	1886 Libéré (S) Lavandière (Consul)
						1888 Lord Œuvre (R) Lady Henriette (West Australian)
						1892 Marquois (R) Nérina (Thunderbolt)
						1900 Jaconas II (S) p.s.a.ar Jaguarita p.s.a.ar (Vulcan a.)
				1879 Réussi (R) Régalia (Stockwell)	1901 Matador (S) p.s.a.ar (Oorrah p.s.a.ar) (Scheveau p.s.a.ar)	
				1877 Beaumont Beauty	1885 Champagne II (R) Californie (Gabier)	
				1887 Chalet Elsa Frisky Matron		1897 King John (R) Jane Wise (Wisdom)

NARQUOIS, pur sang
par ZUT et NÉRINA, 1 m. 61 - alezan, né le 28 avril 1892
chez M. de LA CHARME, à LA MORLAYE (Oise)

81 bis

BAP-LE-DUC, pur sang

par SOLIMAN ou SÉNÉGAL et du BARRY, 1 m. 61 - bai marron, né le 8 avril 1897

chez M. le Baron FINOT, à LARGE (Indre)

Tableau indiquant la filiation des chevaux de pur-sang de la famille d'Eclipse qui ont fait ou font actuellement la monte dans la région vendéenne et charentaise

Eclipse 1764						
1773 Pot 8 Os 1790 Waxy 1807 Whalebone 1822 Camel 1831 Touchstone 1841 Orlando	1855 Trumpeter	1863 Plutus	1870 Flageolet	1877 Le Destrier La Dheune	1884 Sirop (R) Itzehausen (Rockwell)	
					1885 Stuart Itzehausen	1891 Il y est (S) Infidèle (See Saw)
					1886 Soliman Itzehausen	1897 Bar-le-Duc (R) ou Sénégal et du Barry (Robert Houdin)
					1886 Sultan II (R) Countess of Salisbury (Knight of the Garter)	
					1889 Sahel (S) Stockholm (Cadet)	
				1880 Manoël (ap) S. Vesta (Patricien)	1888 Goguenard II Gén. Royal (ap)(S) (Knight of the Garter)	
					1892 Millimètre (ap)(R) Millie-Anny (Yarmouth)	
					1894 Lubanière (R) La Beloue (Dollar)	

Eclipse 1764

Tableau indiquant la filiation des chevaux de pur-sang de la famille d'Eclipse qui ont fait ou font actuellement la monte dans la région vendéenne et charentaise.

<table>
<tr>
<td rowspan="7">1773 Pot-8-Os
1790 Waxy
1807 Whalebone
1822 Camel
1831 Touchstone
1841 Orlando</td>
<td rowspan="7">1855 Trumpeter</td>
<td rowspan="6">1863 Plutus</td>
<td rowspan="5">1870 Flageolet</td>
<td>1882 Saintmilles
Deliane</td>
<td>1892 Brooklyn II (S)
Pensacola
(Dollar)</td>
</tr>
<tr>
<td>1885 Isidore
Iris</td>
<td>1896 Turlupin S.
p.s.a.ar
La Tourneuve
p.s.ar
(Souakim)</td>
</tr>
<tr>
<td rowspan="2">1883 Tricanteau
La Fromentinière</td>
<td>1891 Spartacus II (R)
Sophiette
(Brown-Bread)</td>
</tr>
<tr>
<td>1892 Gondolier (R)
Girandole
(Albert Edward)</td>
</tr>
<tr>
<td>1886 Bégonia
Belle Étoile</td>
<td>1898 Lieutenant (R)
Linotte II
(Salteador)</td>
</tr>
<tr>
<td>1886 Tire Larigot (S)
P. de Tire Lire
(Pretty Boy)</td>
<td></td>
<td></td>
</tr>
<tr>
<td>1874 Queen's Herald
(ap)(S)
Queen's Bertha
(Kingston)</td>
<td>1890 Diavolo (ap)(R)
Dayspring
(Springfield)</td>
<td></td>
<td></td>
</tr>
</table>

1773 Pot 8 Os 1790 Waxy 1807 Whalebone 1822 Camel 1831 Touchstone	1842 Annandale	1855 Goodman (S) Simoom mare						
	1843 Brocardo (R) Brocade (Pantaléon)	1852 Arc-en-Ciel (R) p. s. a ar Iris a ar (Napoléon)						
		1852 Brin de Jonc (S) p. s. a ar (ap) Dinarzade (Massoud) ar)						
		1853 Arnac (St Mce) p. s. a ar Didon a ar (Terror)						
		1854 Omer-Pacha (R) Cochléa (Mameluke)						
		1858 Alerte (C) Belle-Poule (Napoléon)						
	1845 Surplice Crucifix	1854 Florin (ap) (R) Payment (Mane)	1870 Martin (S) Mélanie (Aquila)					
	1845 Assault (S) Ghusnée (Pantaléon)							

84. *Eclipse 1764.*

1773 Pot 8 Os 1790 Waxy 1807 Whalebone 1822 Camel 1834 Touchstone	1846 Nunnykirk Beeswing	1852 Alcide (R. & St M) Tanaïs (Terror)			
		1846 Strongbow (R) Miss Bow (Catton)			
	1848 Newminster Beeswing	1860 Lord Clifden The Rave	1872 Hampton Lady Langton	1882 Orchid (S) Lady Lavender (Master Fenton)	
				1887 Royal Hampton Princes 1890 Martin Sommeline Martin	1898 Loufoque (R) Layette (Carlton)
			1873 Petrarch Laura 1863 The Bard Magdalene	1888 Bérenger (S) Boulade (Trocadéro)	1895 Satiné (S) Saturnia (Dollar)
		1860 Pratique (R) Patience (Lanercost)			
		1864 Hermit Seclusion	1878 St Louis Lady Audley	1888 Moule à Gomme (S) La Mode (Vermouth)	

Eclipse 1764

Tableau indiquant la filiation des chevaux de pur-sang de la famille d'Eclipse
qui ont fait ou font actuellement la monte dans la région vendéenne et charentaise.

1773 Pot-8-os 1790 Waxy 1807 Whalebone 1822 Camel	1831 Touchstone	1848 Newminster	1864 Hermit	1883 Gamin Grace	1894 Barca (S) Bourgogne (Peregrine)	
				1886 Melanion Atalanta	1891 Reminder Postscript	1899 Montgaillard II (S) Médone (Dauphin)
		1852 Claret Mountain Sylph 1867 Londesborough Perigord 1864 Homeward Alabama	96 Stutgard (S) Montgeroult II (Patriarche)			
		1852 Lord of the Isles Fair Helen 1861 The Scottish chief Miss Ann 1875 Glengarry Crocus	1887 Ippogriffo (aut) (R) Marfisa (Andred)			
	1834 Carnival Wings	1849 Castor (R) Pétronille (Emancipation)	1857 Robinson (ap) R Olivia (Gladiator)			
		1849 Badpay (St Me) Miss Rainbow) (Rainbow)				
		1859 duc de Richelieu (St Me) Midsummer (Fille da Puta)				

Tableau indiquant la filiation des chevaux de pur-sang de la famille d'Eclipse
qui ont fait ou font actuellement la monte dans la région vendéenne et charentaise.

86   Eclipse (1764)

1773 Pot 8 Os 1790 Waxy 1807 Whalebone	1822 Camel	1824 Defence (Defiance)	1834 Caravan	1851 Bretignolles (M) Margaret (Gigès)		
			1838 Simoon Sea Breeze	1845 Shylock (R) The Queen (Sir Hercules)		
			1833 Tipple · Cider Deposit	1850 Tippler (K) Emelina (Emilius)		
				1852 Incertain (St Me 2e R) Emerald (Merchant)		
				1856 Tippler II (R) Boutique (Y. Emilius ou Gigès)		
		1826 Lapwing Canopus mare	1837 St Lawrence ou Skylark Helen	1852 Saucebox (S) Bricilla-Tomboy (Tomboy)	1869 Soudan (S) Mariage (Son)	
		1826 Sir Hercules Peri 1833 Irish Birdcatcher Guicciole 1842 The Baron Echidna	1849 Stockwell Pocahontas	1857 Thunderbolt Cordelia	1864 Vulcan Alarum	1882 Jaguar p.s.a.ar Ariane p.s.or (Merkham)

Eclipse 1764.

Tableau indiquant la filiation des chevaux de pur-sang de la famille d'Eclipse qui ont fait ou font actuellement la monte dans la région vendéenne et charentaise.

1773 Pot-8-Os 1790 Waxy 1807 Whalebone	1822 Camel 1826 Sir Hercules 1833 Irish Birdcatcher 1842 The Baron	1849 Rockwell	1859 Argonaut Aphrodite		1868 Monsieur-le-Prince (S.) Bourg-la-Reine (The Cossack)					
			1861 Blair-Athol Blink-Bonny	1866 Ethus Thersa 1881 Brest Baroness	1887 Painpol (S.) Paralytique (Stentor)					
				1874 Silvio (Silverhair)	1883 Jupin (S.) Juliana (Julius)					
					1888 Iskender (aut.) (R) Miss Ida (Newminster)					
		1850 Rataplan Bocaboulas	1858 Kettledrum Mylla	1867 Cimbal Nelly-Hill	1878 Franc-Gascon (R) Francine (Fitz-Gladiator)					
			1861 Brindisi Mistletoe	73 Espoir (ap) (R et S) Magenta (Fitz-Gladiator)						

Eclipse 1764.

Tableau indiquant la filiation des chevaux de pur-sang de la famille d'Eclipse
qui ont fait ou font actuellement la monte dans la région vendéenne et charentaise.

1773 Pot-8-Os
1790 Waxy
1807 Whalebone
1822 Camel
1826 Sir-Hercules

1833 Irish-Birdcatcher

1842 The Baron

1850 Rataplan

1864 Blinkhoolie
Queen Mary

1873 Wisdom
Aline

1884 Veracity
Vanish

1899 Vérus (S)
Théobroma
(Kilwarlin)

1888 Chesterfield
Bramble

1897 Théobard (S)
La Goulue
(Prism)

1877 Échevau p.s.ar
Ariane

1899 Katz (p.s.ar) (S)
Impostress
(Florentine)

1851 Lingot d'or (R)
Euselia
(Emilius)

1853 Le Comte Ory (S)
Corsica
(Touchstone)

1855 Youme
Dacia

1864 Rioupion (S)
Auréole
(Malton)

1869 Montbaro (S)
Auréole
(Malton)

Tableau indiquant la filiation des chevaux de pur-sang de la famille d'Eclipse qui ont fait ou font actuellement la monte dans la région vendéenne et charentaise.

1773 Pot-8-Os 1790 Waxy 1807 Whalebone 1822 Camel 1826 Sir-Hercules	1833 Irish Birdcatcher	1842 The Baron	1855 Zouave	1868 Avant-garde (S) Péniche (Collingwood)	
				1869 Franc-Cœur (S) Day-Spring (Annandale)	
				1872 Le Képi (R) Péniche (Collingwood)	
				1872 Marquis (S) Espérance (Weathergage)	
			1859 Costa Catherine Hayes	59 Mozart ou Scottish Chief Morgan-la-Faye	1883 The Minstrel Boy (S) Mead (Anglo-Saxon)
			1857 Feruk Khan (S) Annetta (Ibrahim)		
			1859 Floréstan (R) Forest-Flower (Glaucus)		
		1849 Womersley Cinizelli	1855 Prince Noir (R) Arabelle (Saradoc)		
			1859 Marignan (R) Margaret (Drayton)	1864 Le Petit Caporal Mlle Désirée	1876 Commandant (S et R) Marcella (Sting)

     Eclipse 1764.

Tableau indiquant la filiation des chevaux de pur-sang de la famille d'Eclipse qui ont fait ou font actuellement la monte dans la région vendéenne et charentaise.

Lignée ancestrale (colonnes, de gauche à droite) :

- 1773 Pot 8 Os / 1790 Waxy
- 1807 Whalebone
- 1822 Camel / 1826 Sir Hercules
- 1833 Irish Birdcatcher
- 1849 Womersley
- 1853 Warlock / Sylphine / 1864 Tynedale / Queen of Tyne / 1880 Border Minstrel / Glee
- 1857 Oxford / Honey Dear / 1863 Starling / Whisper / 1880 Energy / Cherry Duchess
- 1803 Vaucouleurs / Sarigue
- 1883 Révérend / Rêveuse
- 1842 Whisker / Penelope / 1895 Economist / Florantha / 1834 Harkaway / Isabellink, mare
- 1851 King Tom / Pocahontas
- 1865 Phaeton / Merry Sunshine / 1872 King Alfonso / Capitola

Descendance (cellules) :

- 1871 Vermeil p.s.a.ar (R.) / Radégonde p.s.a.ar / (Coran ar.)
- 1888 Floréal (S.) / Fleur de Mai / (Saxifrage)
- 1901 Vif Argent (R) / Violette de Bretagne / (Plutus)
- 1898 Maltais R / Malte / (St Simon)
- 1887 Sacramento (R.) / América / (Elland)
- 1831 Jonas (St M. et R) / Rectory / (Octavius)
- 1878 Don Fulano (S.) / Canary Bird / (Albion)

Tableau indiquant la filiation des chevaux de pur-sang de la famille d'Éclipse qui ont fait ou font actuellement la monte dans la région vendéenne et charentaise.

1773 Pot.8.Os 1790 Waxy 1812 Whisker	1825 Economist 1834 Harkaway	1851 King Tom	1867 Kingcraft (Wondercraft)	1880 Vernet (Vérone)	1892 Lancelot III (S) Ellida (Valérien)
				1880 Grandmaster (Queen Bertha)	1891 Sancerre (R) Syrène (Trombone)
			1869 King Lud (Qui-Vive)	1888 Zambo (R) Optimia (Platus)	
				1889 Azed Rome	1898 Juvénal (R) f.s a m. ou Vertige p.s.a. Lais (p.s.o.ar) (Vulcan a.)
				1889 Lavoir (R) Lavandière (Dollar)	
				1890 Boudoir Optimia	98 Sautoir (R) Salomé (Saltéador)
			1876 Danby (R) Bay Rosalind (Orlando)		

Tableau indiquant la filiation des chevaux de pur-sang de la famille d'Éclipse
qui ont fait ou font actuellement la monte dans la région vendéenne et charentaise.

- **1773 Pot-8-Os / 1790 Waxy**
  - **1812 Whisker**
    - **1825 The Colonel (Delpini mare)**
      - 1838 Prince Caradoc — Queen of Trumps
        - 1849 Mériadec (S) — Frétillon (Sylvio)
      - 1839 Lawton (R) — Mathilda (Orville)
- **1775 King Fergus / Polly / 1791 Beningbrough / Herod mare / 1799 Orville / Evelina**
  - **1817 Carbon / Charcoal**
    - 1829 Sir Benjamin Scandal (St Mt) (Selim)
    - 1836 Lycurgue (M+S) (Doris) (France)
    - 1837 Mozart (R) — Fauvette (France)
  - **1810 Muley / Eleanor / 1830 Muley Moloch / Nancy**
    - 1838 Pagan (R) — Fanny (Jerry)
    - 1835 Nautilus (S) — Victoria (Milton)
  - **1810 Andrew / Morel / 1825 Cadland / Sorcery**
    - 1834 The Prime Warden / Karina / 1856 Light / Balaclava
      - 1871 Iroquois (S) — Admiralty (Collingwood)
      - 1871 Pasteur (R) — Poutrelle (Filz Gladiator)

Eclipse 1764

Tableau indiquant la filiation des chevaux de pur sang de la famille d'Eclipse qui ont fait ou font actuellement la monte dans la région vendéenne et charentaise.

1775 King Fergus / 1754 Fleminbrough	1799 Orville	1810 Andrew / 1825 Codland	1836 Jeroboam (R) / Manœuvre / (Rubens)		
			1836 Romulus (S.M.) / Vittoria / (Milton)		
		1820 Emilius / Emily	1827 Priam / Cresida / Gigès / Eva	1850 Royal quand même (R) / Euselia / (Emilius)	73 Roussillon (R) / Emérite or / (Smir or)
					1876 Beckland (R) / Bellah / (Dollar)
			1827 Y. Emilius (S.M.) / Sol / (Seud)		
			1828 Y. Emilius / Colwell / (Phantom)	1847 Quintessence (R.M.) / Y. Espagnolle / (Partisan)	
			1845 Robinson / Whalebone		1864 Champ d'oiseaux (R) / Grenade / (Gladiateur ou Y. Emilius)
				1848 Sprightly (R) / Margaret / (Gigès)	
			1834 Menipotentiary / Marriett / 1839 Nuncio / Affy	1853 Johann (R) / ou Garry Owen / et Miss Jenny / (Ali Baba	
			1851 Pédagogue / Soline	1857 Gouverneur (R) / Glaucopis / (Melbourne)	
					1860 Glaucus (S) / ou Trojan / et Glaucopée / par Melbourne

Tableau indiquant la filiation des chevaux de pur sang de la famille d'Eclipse qui ont fait ou font actuellement la monte dans la région vendéenne et charentaise.

						1775 King Fergus
	1792 Hambletonian Highflyer mare 1803 Whitelock Rosalina 1814 Blacklock Coriander mare					1791 Beningbrough
1825 Vélocipède Juniper mare 1846 Velox Whisker mare	1820 Buzzard Delpini mare 1835 Ratau Picton mare		1804 Scud 1822 Actæon Diana 1835 St Martin Galena 1846 Idle Boy Peggy-Sands		1799 Orville	
1856 Livré (R) Biche (Y Emilius)	1847 Scarborough (S) Muley moloch mare	1863 Ceylon Pearl	1853 Pretty Boy Lena 1867 Gabier Baturing		1820 Smilius	
		1878 Auxerrois p.s. a. ar Vivacité (Jana ar.)	1876 Le Bal (R) La Belle Hélène (Fitz Gladiator)	1845 Gambetti (R) Tarentella (Tramp)	1831 Plenipotentiary 1839 Nuncio 1851 Pedagogue	1863 Golgos (R) Figurante (Venison)

1775 King Fergus 1792 Hambletonian	1803 Whitelock 1814 Blacklock	1826 Voltaire Phantom mare	1833 A. (R) Schedule (Octavian)					
			1844 Bantam Martha Lynn 1852 Fandango Castanette	1865 Dear Tom Brown Jug (Hugh of hand.)	1865 Speculum Dernlice	1878 Hagioscope Sophia 1894 Flacon Héliotrope		1900 Le Tozar (R) ou Aquarium et la Tortue (Roi de la Montagne)
			1847 Voltigeur Martha Lynn	1854 Vedette Irish Birdcatcher mare			1880 Adanapar (ap) (R) ou Pero Gomez et Caller ou (Stockwell)	
					1874 Galopin Flying Duchess	1880 Galliard Mavis 1886 Gulliver Distant Shore	1895 Machiavel II (R) Helen Mac Gregor (Scottish-Chief)	
						1893 Galeazzo Ezira	1899 Vigny (R) Pignole (Vermouth)	

1775 King Fergus 1792 Hambletonian	1803 Whitelock 1814 Blacklock 1826 Voltaire 1847 Voltigeur	1860 The Ranger Gardham mare 1869 Uhlan La Méchante	1878 Aquilin (S) Attraction (Argonaut)	
		1864 Honesty (ap.)(S) Camiola (Windhound)		
		1864 Tibthorpe Little Agnès 1875 Thurio ou Cremorne et Verona	1896 Pax (S) Eirène (Adventurer)	
	1803 Camillus Faith	1814 Magistrate Lady Rachel 1825 Tarrox Corelli	1838 Attila Juliette	1847 Babiéga (S) Essler (Cadland)
			1837 Lascoon (St Mt) Miss Henry (Tirésias)	
			1845 Ulric (S) Luna (The Flyer)	1853 Lancy (S) p.s.a.ar Mirza (Turckman turk)
		1820 General- Miss Williamson's Ditto mare	1830 Athol (St Mt) Vandyke-Junior mare	

Eclipse 1764.

Tableau indiquant la filiation des chevaux de pur-sang de la famille d'Éclipse qui ont fait ou font actuellement la monte dans la région vendéenne et charentaise.

<table>
<tr>
<td rowspan="9">1778 Joe Andrews
Amaranda
1797 Dick Andrews
Highflyer mare
1810 Tramp
Gohanna mare</td>
<td rowspan="9">1820 Lottery
Mandane</td>
<td>1828 Velotum (R)
Smolensko mare</td>
<td>1840 Edgard (R)
Venus
(Smolensko)</td>
<td></td>
<td></td>
</tr>
<tr>
<td>1831 Inheritor
Hand-Maiden
1845 Brandy Face
Tiffany</td>
<td>1853 Y. Brandy Tice
(ap.)(R)
Jane
(Deucalion)</td>
<td></td>
<td></td>
</tr>
<tr>
<td rowspan="2">1832 Sheet-Anchor
Morgiana</td>
<td rowspan="2">1842 Weatherbit
Miss Letty</td>
<td>1849 Weathergage
Tourina</td>
<td>1859 Wolfran (S)
Bénédiction
(Physician)</td>
</tr>
<tr>
<td>1855 Beadsman
Mendicant
1868 The Palmer
Madame Eglantine</td>
<td>1874 Pellegrino (ap.)(S)
Lady Audley
(Macaroni)</td>
</tr>
<tr>
<td>1843 Collingwood (R)
Kalmia
(Magistrate)</td>
<td>1857 Ali p.s.a.ar.
(ap.)(S)
Amine p.s.a.ar.
(Brocardo ang.)</td>
<td></td>
<td></td>
</tr>
<tr>
<td rowspan="4">1845 Malton
Fair Helen</td>
<td>1854 Stenworde (R)
Gipsy
(Sir Hercules)</td>
<td></td>
<td></td>
</tr>
<tr>
<td>1854 Accroche-Cœur (S)
Jocaste
Deucalion</td>
<td></td>
<td></td>
</tr>
<tr>
<td>1856 Bissextil (S)
Alexandre
(Terror)</td>
<td></td>
<td></td>
</tr>
<tr>
<td>1856 Black-Eyes (R)
Rosabelle
(Terror ou Premium)</td>
<td></td>
<td></td>
</tr>
</table>

Tableau indiquant la filiation des chevaux de pur sang de la famille d'Eclipse
qui ont fait ou font actuellement la monte dans la région vendéenne et charentaise.

1878 Joë Andrews / 1797 Dick Andrews / 1810 Tramp	1820 Lottery	1838 Mistral (R.) Midsummer (Filho da Puta)		
		1844 Loto (S.) Huraca (Pickpocket)	1850 Sans Façon (S.Mt) Simmetry (Sheet-Anchor)	
	1827 Kingscote Elisabeth / 1835 Beggarman Adeline	1844 Morok Vanda		
		1850 Soulouque (S.) Molokine (Molock)		
	1828 Liverpool Whisker mare	1835 Lanercost Otis	1844 Van Tromp Barbelle	1852 Dirk-Hatterick (S.) Blue-Bonnet (Touchstone)
			1848 Sir Benjamin (S) Queen of Beauty (The Saddler)	
		1843 Liverpool (ap) (R.) Shirine (Blacklock)		
	1830 Dangerous Défiance	1837 Nelson Hell	1849 Cupidon (S.Mt) Vesper (Merlin)	
		1842 Maro (R.) ou Général Mina et Folla (Premium)		

Tableau indiquant la filiation des chevaux de pur sang de la famille d'Eclipse qui ont fait ou font actuellement la monte dans la région vendéenne et charentaise.

<table>
<tr>
<td rowspan="6">Eclipse 1764</td>
<td>1778 Mercury
Tartar mare
1799 Johanna
Hérod mare</td>
<td>1778 Joe Andrews
1797 Dick Andrews
1810 Tramp</td>
<td>1835 Don John
ou Waverley
et Comus mare
1843 Jago
Scandal</td>
<td>1863 Fernand Cortez
Lola Montès (s)
(Slane)</td>
<td></td>
</tr>
<tr>
<td rowspan="2">1802 Golumpus
Catherine
1809 Calton
Lucy Grey</td>
<td>1802 Cerberus
Hérod mare</td>
<td>1815 Captain Candid
Mondane</td>
<td>1836 Coriolan (St Mt)
(p.s. à aux)
Clovis
(Aslan-ture)</td>
<td></td>
</tr>
<tr>
<td>1818 Sandbeck
Orvillina
1833 Redshank
Johanna</td>
<td>1845 Shamil (R)
Currency
(St Patrick)</td>
<td></td>
<td></td>
</tr>
<tr>
<td rowspan="3">1823 Royal Oak
Smolensko mare</td>
<td rowspan="3">1833 Slane
Naiad
1843 Sting
Echo</td>
<td>1850 Ronconi (S)
Lidia
(Rainbow)</td>
<td></td>
<td></td>
</tr>
<tr>
<td rowspan="2">1852 Monarque
ou The Baron
ou The Emperor
et Poëtess</td>
<td>1862 Gladiateur
Miss Gladiator
1869 Lord Gough
Bataglia</td>
<td>1879 Faugh a Ballagh (ap. ps)
Weatherglass
(Student)</td>
</tr>
<tr>
<td>1863 Marengo
Liouba</td>
<td>1877 Panache (S)
Snalla
(Zouave)</td>
</tr>
</table>

100. Eclipse 1764.

Tableau indiquant la filiation des chevaux de pur sang de la famille d'Eclipse
qui ont fait ou font actuellement la monte dans la région vendéenne et charentaise.

1778 Mercury 1799 Gohanna 1802 Golumpus 1809 Catton 1823 Royal Oak	1833 Plane 1843 Sting	1852 Monarque	1864 Trocadéro	1876 Narcisse Julia Peel Aquarium 1883 Miss Hannah	1901 Madapolam (S) Féverolle (Reluisant)	
				1876 Pourquoi Good Night	1890 Excepté (S) Expectation (Spéculum)	
				1878 Bariolet (S) Bariolette (Orphelin)	1886 Malgache Miss Bowstring	95 Fitz Malgache (ap) (S) Puerta del Sol (Atlantic)
				1879 Tant Mieux (S) ou Saxifrage Bariolette (Orphelin)		
			1865 Le Sarrazin Constance	1881 Fra-Diavolo Orpheline	1899 Frying-Pan (S) Risette (Kisber)	
				1877 Milan-I (S) M.elle de Champigny (Tough à Ballagh)	1885 Sapajou (R) Stephanotis (Macaroni)	

Eclipse 1764.

Tableau indiquant la filiation des chevaux de pur-sang de la famille d'Eclipse qui ont fait ou font actuellement la monte dans la région vendéenne et charentaise.

<table>
<tr>
<td rowspan="7">1778 Mercury
1799 Gohanna
1802 Colompus
1809 Catton
1823 Royal Oak</td>
<td rowspan="7">1833 Slane
1843 Sting</td>
<td rowspan="7">1852 Monarque</td>
<td rowspan="6">1866 Consul
Lady Lift</td>
<td rowspan="3">1872 Nougat (ap)(S)
Nébuleuse
(Fitz Gladiator)</td>
<td rowspan="2">1860 Farfadet
La Farandole</td>
<td>1888 Ormak
Énergétic</td>
<td>1895 Bigoudis (S)
Bijou
(St Gatien)</td>
</tr>
<tr>
<td>1889 Vertige (R)
Gastonnette
(Don Carlos)</td>
<td></td>
</tr>
<tr>
<td>1883 Fétiche
Fleurines</td>
<td>1894 Vin Vieux (S)
ou Raffaëllo
et Vinaigrette
(Patricien)</td>
<td></td>
</tr>
<tr>
<td>1876 Flavio
Fille de l'Air</td>
<td>1886 Aventurier (R)
Melle Agnès
(Le Petit Caporal)</td>
<td></td>
<td></td>
</tr>
<tr>
<td rowspan="2">1878 Album
The Abbess</td>
<td>1888 Sunrise (ap)(R)
Ambassadrice
(Zouave)</td>
<td></td>
<td></td>
</tr>
<tr>
<td>1892 Chant d'Amour (R)(att.)
Allée d'Amour
(St Louis)</td>
<td></td>
<td></td>
</tr>
<tr>
<td>1867 Don Carlos
Noëlie</td>
<td>1877 Milan II
Fée</td>
<td>1884 Domidio (S)
Domiduca
(The Mines)</td>
<td></td>
<td></td>
</tr>
</table>

Tableau indiquant la filiation des chevaux de pur sang de la famille d'Eclipse qui ont fait ou font actuellement la monte dans la région vendéenne et charentaise.

<table>
<tr>
<td rowspan="10">Eclipse 1764</td>
<td rowspan="10">1778 Mercury
1799 Gohanna
1802 Golumpus
1809 Catton
1823 Royal Oak</td>
<td rowspan="3">1833 Slane
1843 Sting</td>
<td>1852 Monarque</td>
<td>1858 Henri
Miss Ann</td>
<td>1876 Aurélius (ap) (S)
Aurore
(Richmond)</td>
</tr>
<tr>
<td>1858 Sans Vanité (S)
Térésina
(Jerced)</td>
<td></td>
<td></td>
</tr>
<tr>
<td>1864 Candidat (S)
Maid of Bolton
(Sir John)</td>
<td></td>
<td></td>
</tr>
<tr>
<td>1834 Royal George (Bestan)
1840 Prosper Grinces Salvius</td>
<td>1849 Yrieix (R)
Iris
(Napoléon)</td>
<td></td>
<td></td>
</tr>
<tr>
<td>1837 Auriol (R)
Burlesque
(Blucher)</td>
<td></td>
<td></td>
<td></td>
</tr>
<tr>
<td>1838 Quiproquo (R)
Naïade
(Whalebone)</td>
<td></td>
<td></td>
<td></td>
</tr>
<tr>
<td rowspan="4">1841 Commodor Napier
Flighty</td>
<td>1850 Beyrouth (R)
Koesna
(Koemus)</td>
<td></td>
<td></td>
</tr>
<tr>
<td>1850 Piédestal (S)
Sylvina
(Fra Diavolo)</td>
<td></td>
<td></td>
</tr>
<tr>
<td>1852 M. de St Jean (R)
Jocaste
(Deucalion)</td>
<td></td>
<td></td>
</tr>
<tr>
<td>1858 Highlander (R)
Fringante
(Terror)</td>
<td></td>
<td></td>
</tr>
</table>

Eclipse 1764								
1778 Mercury 1799 Gohanna 1802 Golumpus 1809 Catton 1823 Royal-Oak	1843 Club Stick (St M^t) Vesper (Merlin)							
	1845 Pied de Chêne(M) Essler (Cadland)							
	1847 Emilien (S.) Corysandre (Holbein)							
	1847 Esaü (R) Creusa (Priam)							
1784 Don Quiscotte Grecian Princess 1806 Cervantes Ewelina 1825 Harlequin Flora	1834 Jean Bart (R) Nanny shanks (Marc Orville)							
	1837 Sterne (R.) Eugénia (France)							

Les Fils d'Eclipse

1775 King Fergus 91 Beningbrough	99 Orville 1810 Muley 30 Muley-Moloch 38 Galaor	53 The Heir of Linne Mrs Walker	65 J'y songerai Favori	74 Shérif R. Jarnac 1/2 s. n.	
			68 Mazeppa Ugolin	74 Sphène R. Jr. Morin	
			68 Mathurin Ugolin	76 Upas R. Lahore 1/2 s. ang.	
			68 Myosotis R. Perfection 1/2 s. n.	78 Abraham S. Jambes d'Argent 1/2 s. n.	
				82 Esaü (ap). R. Jr. 1/2 s.	
			70 Orphée Ugolin	84 Glaive R. Bravo	
			71 Pactole R. Giboyer 1/2 s. n.	77 Volcan S. Conquérant 1/2 s. n.	
				78 Alfort R Kapirat II 1/2 s. n.	
				78 Angles S. Calderon 1/2 s. n.	83 Fénioux S. Obéron 1/2 s. n.
				79 Banquier S. Jambes d'Argent 1/2 s. n.	85 Hubert S. Misanthrope 1/2 s. n.
				80 Ceylan R Necker 1/2 s. n.	
				81 Desgenettes R. Jambes d'Argent 1/2 s. n.	
				82 Echanson R. Jambes d'Argent 1/2 s. n.	
				83 Fedry R. Kapirat II 1/2 s. n.	
				84 Gambetti R. Nique 1/2 s. n.	

105 bis

TORÉADOR, 1/2 sang
par LANCE à MORT et MIRAB, par FONTENAY 1 m. 63 - Bai foncé - né en 1897
chez M. MINIER, à SAUTRON (Loire-Inférieure)

105 bis

RASPAIL, 1/2 sang
par GALBA & JOCONDE, par TIGRIS, 1 m. 62 - Bai - né en 1895
à REUX (Calvados)

105 bis

RÉMOIS, 1/2 sang,
par GALBA & CONQUÊTE, par CONQUÉRANT, 1 m. 63 - Bai marron - né le 20 Avril 1895
chez M. LEPECQ, à COUDRAY - RABUT (Calvados)

105 bis

USAGE, 1/2 sang,
par OUDINOT & HARMONIE, par JUBÉ 1 m. 61 - Bai marron - né en 1898
chez M. DESDEMAINE, Paul, à TAILLEPIED (Manche)

Les Fils d'Eclipse.

1775 King-Fergus / 91 Bedingbrough	92 Orville / 1810 Muley / 1830 Muley-Moloch / 38 Galaor	53 The Heir of linne	71 Phaëton / Crocus 1/2 s. ang.	81 Dératé R.s.S. / Abrantès 1/2 s.n.		
				81 Y. Kapirat / Kapirat	89 Lescovien R. / Nico 1/2 s.n.	96 César (acc.) R. / Diapason 1/2 s.n.
				82 Livet / Crocus ou Lavater	89 Landrecies R. / St Rigomer 1/2 s.n.	
				83 Français III / Élu 1/2 s.n. R.		
				84 Galba / Gall	89 Lance à mort / Qui-Vive	97 Toréador R. / Fontenay 1/2 s.n.
					94 Qui-perd gagne / Don Quichotte 1/2 s.n. S.	
					95 Rodez S. / Tigris 1/2 s.n.	1900 Alco R. / Alvignac (1/2 s. midi)
					95 Raspail R. / Tigris 1/2 s.n.	
					95 Rémois R. / Conquérant 1/2 s.n.	
				85 Haut-Sauterne / Fleuron 1/2 s.n. R.		
				85 Hernani R / Lucain 1/2 s.n.	1901 Hernani (acc) R.	
				85 Harley / Normand	92 Oudinot / L'Incroyable	98 Usage R. / Aubé 1/2 s.n.
						98 Usufruitier / Utrecht 1/2 s.n. S.

Les Fils d'Eclipse.

1775 King-Fergus / 94 Beningbrough.	99 Orville / 1810 Muley / 30 Muley-Moloch / 38 Galaor.	53 The Heir of Linne	71 Phaëton	85 Harley	93 Prince Noir R. — Lavater 1/2 p.n.	98 Ugolin I R. — Galba 1/2 s.n.
						99 Very-Well R. — Aréole 1/2 p.n.
						99 Vertige R. — Le Lion.
						1902 Clos Jean R. — Mars 1/2 p.s.
					95 Rochambeau — Tempête	1901 Bajac K. — Bataillon 1/2 p.n.
					98 Utile-Dulci — Tigris 1/2 p.n. R.	
				87 James-Watt (Pichnou)	93 Printemps R. ou Cherbourg — ex Movige 1/2 s.s.	
					95 Régional R. — Parthénon 1/2 p.n.	1901 Bourgeon R. — Epilogue 1/2 p.o.
					95 Reboul — Tempête	1901 Balleroy R. — Union Jack 1/2 p.n.
					96 Sansonnet S. — Cherbourg 1/2 p.n.	
					1900 Apremont R. — Baclole 1/2 p.n.	
				87 Jusant (Niger)	94 Quel Sauvage R. — Sauvageon 1/2 p.n.	

106 bis

PRINCE NOIR, 1/2 sang,
par HARLEY & JAVOTTE, par LAVATER, 1 m.61 - noir - né en 1893
chez M. GUILLERME, à St Lô (Manche)

1775 King-Fergus / 91 Benningbrough	29 Orville / 1810 Muley / 30 Muley-Moloch / 38 Galaor	53 The Heir of Linne	71 Phaëton	87 Kremlin S. / Quiclet 1/2 s. n.	94 Québec R. / César 1/2 s. n.
					99 Voté R. / Banquier 1/2 s. n.
					99 Vatal R. / Banquier 1/2 s. n.
				88 Kachemyr / Normand	93 Port-Royal R. / Niger 1/2 s. n.
				88 Levraut / Gall	97 Théville S. / Lavater 1/2 s. n.
				91 Non-Sens R. / St Rigomer 1/2 s. n.	
				91 Narcisse. / Niger	98 Un Brave R / Ray-Grass 1/2 s. n.
					99 Veni R. / Kalmia 1/2 s. n.
					99 Vidi S. / Edimbourg 1/2 s. n.
				92 Oldembourg / Cherbourg 1/2 s. n. R.	
			72 Quickly / Ugolin	77 Valentino / Victorieux	84 Grand-Camp / Va de bon cœur 1/2 s. n. R.
29 Orville / 1810 Andrews / 25 Cadland / 35 Nautilus		Y. Nautilus / Barbarina	49 Y. Cadland S. / Ticliche 1/2 s. ang.		

Les Fils d'Eclipse.

1775 King-Fergus 91 Beningbrough	99 Orville 1820 Emilius	27 Priam 37 Gigès	50 Royal quand même Eusébia	58 Caramel R. Jason	
				58 Carentan Y. Gaberlunzie 1/2 p. an.	
				61 Torticolis Défiance	72 Quadrige S. Victorieux 1/2 p.n.
		28 Y. Emilius Cobweb	38 Elu R. Vampyre		
			41 Hébreu S. Y. Rattler 1/2 p. an.	56 Bonnivet R. Je 1/2 p.	
			41 St Gervais S. Jt Poitevine et R.		
			42 Image St Mt Lucoll 1/2 p. an. et R.		
			44 Boléro Doris	54 Valentin St Mt Pledge 1/2 p.n.	
			45 Emilius S. Je 1/2 p.		
			45 Gambetti R. Tarentella	55 Y. Gambetti R. Mameluke	
1775 King-Fergus 92 Hambletonian 1803 Whitelock 14 Blacklock	21 Brutandorf 35 Hetman Platoff 51 Muscovite	58 Ivanhoff Black-Bird	74 Sophiste R. Feu de Joie 1/2 p.n.		
			77 Vatel S. Tamerlan 1/2 p.n.		
	26 Voltaire 47 Voltigeur 61 John-Davis 73 John-Day	86 Ballu (ap) Cybaline	1901 Boury R. Martial 1/2 p.n.		

1775 King-Fergus 91 Beningbrough	1804 Irad 22 Actœon 35 J.te Martin 46 Iddle-Boy	53 Pretty Boy Léna	73 Ravissant R. Ravissant 1/2 s.u.					
			73 Ruyter S. Jarnac 1/2 s.u.					
		63 Ceylon Pearl (Alarm)	74 Lazzarone p.s.a.ar. Dankali ar. s.	79 Baccarat S. Gallipolis 1/2 s.u.				
				80 Cabrera S. Carmin 1/2 s.n.				
				81 Diamantin S. Impérator 1/2 s.u.				
				81 Dioclétien S. Montbars				
				82 Espoir R. Impérator 1/2 s.u.				
				82 Etna S. Quibbler 1/2 s.u.				
				83 Fatal S. (ap) J.te Charentaise				
				83 Taverolles S. Python 1/2 s.u.				
				83 Favières S. Obéron 1/2 s.u.				
				84 Germinal R. Macqueville 1/2 s.u.				
				84 Glorieux S. Rébus 1/2 s.u.				
				84 Goliath R. Ordinal 1/2 s.u.				
			76 Le Duc S. Emir. ar.					

Les Fils d'Eclipse

1778 Mercury / 90 Gohanna	1802 Golumpus / 09 Catton	23 Royal-Oak / Smolensko-mare	33 Hane / Orville-mare / 43 Hing / Echo	49 Esperon / Maid of Foz				
					54 Ubald R. / Prosélyte 1/2 s.ang.			
					54 Usité / Mahomet	59 Destin / Troarn	64 Isaac S. / Glocester 1/2 s.ang.	
							64 Isocrate R. / Pledge 1/2 s.n.	
					58 Cauvicourt S. / Montaigne 1/2 s.n.	73 Rodomont S. / Boïeldieu 1/2 s.n.		
					59 Diadème	66 Kalender R. / ou Enragé / Galion 1/2 s.n.	78 Arrogant S. / ou Benevole 1/2 s.n. / Douglas 1/2 s.n.	
						66 Kalbrenner S. / Séducteur 1/2 s.n.	73 Radical S. / 1/2 f. Char.	
							73 Régent S. / 1/2 f. Char.	
					61 Fortis R. / Voltaire 1/2 s.n.			
					64 Jacatra S. / 1/2 f. Morm.			
				52 Monarque / ou The Emperor / ou The Baron / et Poetess	64 Trocadero / Antonia / 79 Pont-Mieux / ou Caxifrage / et Harriette	88 Kangouroo / Quibbler 1/2 s.n.		
						89 Lis R. / Magyar 1/2 s.n.		
					65 Le Sarrazin / Constance / 77 Milan I.S. / Mme de Champigny	91 National S. / Lazzarone p.s.a.a.		
						78 Fataliste / Mlle de Tiligny	92 Obscur / Aquila	99 Vingt-et-Un / Her 1/2 s.n.

1778 Mercury 90 Gohanna	1802 Golumpus n.9 Cotton	23 Royal Oak				
			35 Oak Stick Tenbriffe	43 Joinville R. 24 Rattler 1/2 s. aug.		
				43 Jongleur R. et S.t mc Chasseur 1/2 s.n.		
				44 Kabar R. Voltaire 1/2 s.n.		
				44 Kalistor S. Railleur 1/2 s.n.		
			37 Quoniam Noema	45 Lycaon Emule	50 Quadriga S. N. Percheronne	
			37 Auriol R. Burlesque	55 Auriol II S.t mc ou Molière 1/2 s.n. Amadis		
			39 Adolphus Anna	47 Profane R. Rapide 1/2 s.n.		
				51 Simone Diomède	66 Lion R. Navigateur 1/2 s.n.	
				55 Marco Spada Lagopède	74 Sillon R. Dimanche 1/2 s.n.	87 Mousse acc. R. R.
					78 Adjudant Dimanche	84 Grandiose R. Léotard 1/2 s.n.
				56 Ancelot R. Don Quichotte p.a.n or		
			40 Governor Lydia	49 Positif S. Voltaire 1/2 s.n.		

Les Fils d'Eclipse

1778 Mercury 90 Gohanna	1802 Columpus 09 Catton	23 Royal Oak						
			41 Commodor - Napier / Flighty	50 Martingale S. / Xt. Char.				
			42 William / Ida	50 Quintal S. / Glocester ½ s. ang.	55 Achille ap. S. ou Harpales jean / Xt. Char.			
			46 Pledge / Y. Rattler ½ s. ang.	52 Socrate R. / Dupleix ½ s.n.				
				54 Umber / Polecat	61 Fanfaron R. / Mahomet ½ s.n.			
				55 Victorieux / Incomparable	60 Pater- / Paternel	68 Macaroni S. / Nelson ½ s.n.		
						69 Népaul S. / Lionceau ½ s.n.		
						71 Phare / Isolier	76 Upon R. / Unau ½ s.n.	
							79 Bernadotte R. / Sancho ½ s.n.	
							79 Bretteur / Sharaveque	87 Justicier R. / Y. Imposteur ½ s.
							82 Esson / Glorieux	89 Le Topper / Argonaut
								89 Lumineux / Télémaque ½ s.n.
							83 Floréal R. / Ribaud ½ s.n.	

1778 Mercury / 90 Johanna / 1802 Columpus / 09 Catton	23 Royal Oak	46 Pledge	55 Victorieux	60 Pater	71 Phare		
						84 Claris R. Ribaud 1/2 p.n.	
						84 Grassouillet R. Ribaud 1/2 p.n.	
						92 Orchis R. Léotard 1/2 p.n.	99 Vendi R. 7bre 1/2 p.
					72 Quibbler S. Dwns 1/2 p.n.	77 Palide R. Lucifer 1/2 p.n.	
						77 Vermouth S. Misanthrope 1/2 p.n.	
						78 Aulu-Gelle S. Macqueville 1/2 p.n.	
						80 Callimaque S. Imperator 1/2 p.v.	
						81 Depierrefonds S. Joubert 1/2 p.n.	86 Isidore S. Puiset 1/2 p.n.
						82 Esope S. Montbars	
						82 Exmouth S. Uniady 1/2 p.n.	
						83 Fabriano R. Misanthrope 1/2 p.n.	
						83 Fajardo R. Bissextil	

Les Fils d'Eclipse

1778 Mercury / 90 Johanna / 1802 Columpus / 09 Catton	93 Royal Oak	46 Pledge / 55 Victorieux / 60 Pater	72 Quibbler			
				83 Falvy R. / Oberon ½ s.n.		
				84 Gavroche R. / Liber ½ s.n.		
				85 Hercule S. / Egée ½ s.n.		
				86 Isard S. / Kalbrenner ½ s.n.		
				88 Kellermann / Booy ½ s.n. s.	93 Passe-Partout / Rébus ½ s.n.	
					93 Pistolet S. / Rébus ½ s.n.	
					93 Presto S. / Kalif ½ s.n.	
					94 Quirinal R. / Decrescendo ½ s.n.	1901 Bois de Céné / Hérode ½ s.n. R
					95 Roméo R. / Banquier ½ s.n.	
					95 Réussi S. / Avant-Garde	
					96 Samos R. / Gigès ½ s.n.	1902 Chambon S. / R.
					96 Glaneur ap.S. / Banquier ½ s.n.	
					96 Saladin S. / Croissant a. ar	

114 bis

BOIS de CÉNÉ, 1 2 sang,
par QUIRINAL & TULIPE, par HÉRODE, 1 m. 60 - Baizain - né en 1901
chez M. F. LHUSTEAU à BOIS-du-CÉNÉ (Vendée)

114 bis

ROMÉO, 1 2 sang,
par KELLERMANN & MILADY par BANQUIER, 1 m. 60 - Bai - né en 1895
chez M. CHEMERAU, Paul, à ROCHEFORT (Charente-Infre)

1778 Mercury 90 Gohanna 1802 Godumpus 09 Catton	23 Royal-Oak	46 Medge 55 Victorieux 60 Pater	72 Quibbler		88 Kellermann	1902 Chaniers S. Paris ½ b. w.
						1902 Chatenet S. Croissant a. ar.
					90 Magnac S. Lazzarone a. ar.	
					92 Obi S. Lazzarone a. ar.	
					92 Odéon S. Michel ½ b. w.	
					93 Panama R. Lazzarone a. ar.	
					95 Rivoli S. Decrescendo ½ b. w.	
					96 Seigneur R. Auditeur ½ b. w.	
					97 Tambour-Major S. Auditeur ½ b. w.	
				72 Qu'en dira-t-on ou Ignoré R. Kapirat ½ b. w.	79 Barfleur S. Lahire ½ b. w.	
					80 Casino S. Farmer's Glory ½ b. ang.	
				72 Guilleboeuf S. Sammam ar.		
				75 Tangarn R. Talleyrand ½ b. w.		
				76 Uberach R. Algolin ½ b. w.		

Les Fils d'Eclipse

1778 Mercury / 90 Gohanna / 1802 Golumpus / 09 Catton	23 Royal-Oak	46 Pledge	55 Valdemar / Oscar	60 Etendard / Réaumur	65 Jeuneur R. / Royal quand.même	74 Sénateur s. / j.ᵉ char.	
					66 Klauck R. / Joolier		
				63 Herring (ap) R. / Cultivateur ½ s.n.			
				63 Th. de bon cœur / Boléro	73 Rossini R. / Valdemar ½ s.n.		
			56 Abrantès / Moteur	61 Français / Tipple-Cider	66 Koping / Pick-Pocket	76 Urgos R. / Valdemar ½ s.n.	
					67 Liban R. / j.ᵗ ang.		
					67 Lord / Wanderer ½ s.ang.	72 Queymadern R. / Sgésippe ½ s.n.	78 Amurat s. / Diogène ½ s.n
							79 Bienfaisan. / j.ᵗ vend.
							82 Enragé (ap) / Maribon ½ s.n
							83 Février k / j.ᵗ Vend.
							87 Johnson (ap) / Uranium ½ s.n
							89 Lord Chesterf. / Liban ½ s.n.
							89 Lundi R. / Fontainebleau

1778 Mercury / 90 Gohanna / 1502 Columpus / 09 Catton	23 Royal Oak	46 Pledge	56 Abrantès			
				61 Français	68 Malthus R. Baryton 1/2 s.n.	74 Scarron R. Necker 1/2 s.n.
					71 Pretender S. Fleuron 1/2 s.n.	
					74 Stentor R. Destin 1/2 s.n.	
				66 Leporello S. Troarn 1/2 s.n.		
				73 Satellite R. Thésée 1/2 s.n.		
				73 Racoleur Elu	78 Avricourt S. Trouville	
					85 Hamilton R. Underham 1/2 s.n.	
				73 Regnard Elu	80 Caustique R. Ignoré 1/2 s.n.	
			57 Baudrillart R. Képi 1/2 s.n.			
			58 Carmin S. Emule 1/2 s.n.			
			59 Diogène II R. Képi 1/2 s.n.			
			61 Feuilleton R. Tipple-Cider			
			61 Florus R. Sylvio			

Les Fils d'Eclipse

1773 Mercury 90 Gohanna 1802 Golumpus 09 Catton	23 Royal-Oak	46 Pledge	62 Gaillard (ap) R. Diomède ½ b.n.				
			62 Giboyer Chesterfield Junior	68 Mustapha Ballinkeele	76 Uzan S. Vingt-Mars		
				68 Martagon R. Karbout ½ b.n.			
				69 Nerprun R. Riga ½ b.n.			
				70 Ogier S. Dartagnan ½ b.n.			
				70 Orfila Eylau a. ar.	81 Denis Montpensier	86 Issy S. Vanikoro ½ b.n.	93 Prudent R. Confidence ½ b.n.
					82 Euritus R. Unau ½ b.n.		
				71 Platane S. Eylau a. ar.			
				71 Pollux R. Lagopède ½ b.n.			
			65 Jouteur S. Governor	78 Arsenal R. Misanthrope ½ b.n.			
				80 Cyrus III (ap) S. X Char.			
			65 Jovial Myrthe	71 Paris S. Kéricko ½ b.n.	81 Départ S. Lucifer ½ b.n.	95 Canadien (acq) R. N.	
					82 Electeur S. Ogée ½ b.n.		
				72 Orphelin Trouville	76 Unborn R. Newmarkit ½ b.n.		

PIRATE, 1/2 sang,
par HÉRODE & L'ABESSE D'AROUET, par TERME, 1 m. 60 - Bai - né en 1883
chez M. BERNARD Aimé, à St URBAIN (Vendée)

	23 Royal-Oak	46 Merlerault / Sylvio	63 Hick / Tipple-Cider	75 Typique / Ottoman		
1778 Mercury					84 Galilée / Libérator ½ s.a.	95 Rustique (acc)R / R.
90 Gohanna					85 Hérode R / Libérator ½ s.a.	90 Mail-Coach R / Romuald ½ s.v.
1802 Golumpus						90 Mystérieux / Sedan R.
09 Catton						91 Nemrod (ap)R / R.
						92 Oberon R / Beauvoir ½ s.v.
						92 Omer-Pacha R / Caribert ½ s.v.
						92 Orphéon R / Queymadero ½ s.v.
						93 Pirate R / Terme ½ s.v.
						94 Qui-Vive R / Beaurepaire
						94 Quatuor R / Grand Papa ½ s.v.
						95 Ripatin R / Helvétius ½ s.v.
						95 Rataplan S / Carrossier ½ s.v.
						96 Substitut R / Huguenot ½ s.v.
						99 Vyck R / Keepsacke ½ s.v.

Les Fils d'Eclipse.

1775 Mercury / 90 Gohanna / 1802 Gohunpus / 1809 Cotton.	93 Royal-Oak.	46 Merlerault	63 Hick	80 Canut Elu	87 Jerk R. Nagel 1/2 s.w.
	1828 Tarrare Henrietta.	44 Harpon St Mt et R. Chasseur 1/2 s.n.			
		44 Héraclite R. Y. Rattler 1/2 s.a.			
		42 William Ula	48 Ortolan S.Mt Fire-Away 1/2 s.a.		
			50 Quintal S. Glocester 1/2 s.a.		
		43 Jacquemont St Mt et R. Eastham.			
		43 Jujube St Mt Chapman 1/2 s.a.			
		43 Kevel S. Gaberlunzie 1/2 s.a.			
		44 Kalmouck Y. Topper 1/2 R.et S. s.a.			
		44 Lambert R. et S. Eastham			

121 bis

SÉDUISANT, 1/2 sang,

par JULIEN & N.... par NECKER 1 m. 67 - Bai cerise - né en 1874

chez M. PAJOT Jean à LA Gde AUGÈRE, LE PERRIER (Vendée)

1778 Mercury / 90 Gohanna / 1802 Cerberus

1813 Captain Candid / Mandane	26 Captain R. / Sauteur 1/2 s.n.					
	33 Valout S.t M.c / Y. Rattler 1/2 s.an.					
	33 Biron / Hélène	38 Ernest Nor. et / North-Star 1/2 s. ang. S.t M.c	42 Intime R. / K.t Norm.			
		44 Haubert S.t M.c / Y. Topper 1/2 s. ang. et R.				
		44 Hélice S.t M.c et / Y. Topper 1/2 s. aug. R.				
		42 Igor R. / Railleur 1/2 s.n.				
		42 Illustre S.M.c / Emule 1/2 s.n.				
		42 Iron S.t M.c / Y. Rattler 1/2 s.a.				
		43 Jayet / Emule	49 Prophète S. / Xariphus 1/2 s.n.			
		43 Jéricko / Voltaire	51 Reims S.t M.c / Aï 1/2 s.n.			
			58 Cormoran / Wanderer 1/2 s.a.	65 Julien R. / Performer 1/2 s.a.	74 Séduisant R. / Necker 1/2 s.n.	91 Nivet S. / Ordinal 1/2 s.n.
					78 Auditeur S. / Trosdorff	91 Najac S. / Ordinal 1/2 s.n.
					79 Liban (acc) R. / K.t Nend.	
				66 Kalife S. / Niagara 1/2 s.n.		
		44 Kenilworth / Pretender 1/2 s.a.	49 Précieux R. / Impérieux 1/2 s.n.			
			57 Kenilworth (ap) / Léonidas 1/2 s.n. R			

Les Fils d'Éclipse.

1773 Pot-8-Os / 90 Waxy / 1807 Whalebone	1817 Waverley	27 Windcliffe / Caton mare	37 Danaüs S.t Mt / Vaillant 1/2 s.a. et R.				
	1822 Camel	1831 Touchstone	41 Orlando / 55 Trumpeter / 63 Rufus	69 Parnasse / Brown mare	86 Chicago S / Le Major	85 Hétéroclite / Conquérant 1/2 s.n.	97 Thorigny / Épilogue 1/2 s.o.
				70 Flageolet / La Favorite	77 Réussi / Régalia		
					77 Le Destrier / La Dheune	86 Sultan II R. / Countess of Salisbury	
			43 Brocardo / Brocarde	54 Ukase R. / Oxford 1/2 s.a	70 Y. Ukase R. / Isigny 1/2 s.n.		
				55 Vivant S / Lucain 1/2 s.n.			
			45 Surplice / Crucifix	54 Florin R. / Payment	71 Royal / Royal Topaze	77 Véhément R. / Victorieux 1/2 s.n.	
					77 Vaurien R. / Nt de l'État.		
			45 Assault S. / Ghusnée	50 Arcis S.t Mt / Namur 1/2 s.m.			
			45 Calderstone / Caroline	53 Troubadour ou Ramsay / Voltaire 1/2 s.m.			

THORIGNY, 1/2 sang,

par SULTAN II (p. s.) & VICTORINE, par EPILOGUE, 1 m. 65 - Alezan - né en 1897

chez M. CROCHET, PIERRE, au MARAIS, St HILAIRE-de-RIEZ (Vendée)

1773 Pot-8-Os / 90 Waxy / 1807 Whalebone

1822 Camel	31 Touchstone	46 RunnyKirch	53 Isolier ou The Baron Déception	71 Pastel R. Ugolin ½ s.n.	
		48 Newminster	60 Pratique R. Patience	77 Vigilant J.t Charent. R.d.S.	75 Tragédien Corsair ½ s.a.
			61 Cathédral	68 Ravenshoë Crows-Nest	
	34 Caravan	49 Castor	59 Pigeon Vole Milwood	68 Mamelucke R. J.t Storm	
1824 Défence	33 Tipple Cider Deposit	48 Vibrius S. Quartier-Maître ½ s.n.			
		48 Orthographe Lucknoll ½ s.a. S.t m.t			
		49 Progrès R. Octavius ½ s.a.			
		50 Tic-Tac Xerxès	56 Antinoüs Marbout	64 Isambart R. Fitz Pantaloon	
		51 Radical Voltaire	62 Carême R. Important ½ s.n.	72 Quadrille R. J.t ang.	
		51 Roquelaure Voltaire ½ s.n.			
		52 Sultan Voltaire	59 Dragon Myrthé	72 Questionnaire Ulysse ½ s.n. R.	
			59 Dias R. Ramsay		
			61 Farfadet R. Raphael ½ s.n.		
			63 Illustre R. The Great Western ½ s.a.		
			64 Isolet S. Montaigne ½ s.n.		

Les Fils d'Éclipse.

1773 Pot-8-Os 90 Waxy 1807 Whalebone	24 Defence	33 Tipple-Cider	54 Uni S. Emule ½ s.n.	
			60 Elysée R. J. Topper ½ s.ang.	
	26 Sir Hercules 33 Irish Birdcatcher 42 The Baron 49 Buckwell 57 Thunderbolt 64 Vulcan	82 Jaguar R. p.s.a.ar Ariane ar	88 Karmignac S. Quibbler ½ s.n.	
		83 Kourli p.s.a.ar.S Eve ar.	90 Marquis R. Carmin ½ s.n.	
			90 Milton R. Jouteur ½ s.n.	
			1902 Coq-Hardi S. Banquier ½ s.s.	
	26 Sir Hercules 33 Irish Birdcatcher 42 The Baron 55 Jonive	64 Caïque Yole	70 Gaulois R. Ingénieux ½ s.lim.	
		68 Avant-Garde S. Péniche	76 Ubescy S. Héliodore ½ s.n.	
			76 Urus R. Jr Charent.	
		68 Kaolin Dainty	85 Haut-Huppé R. Voilà ½ s.n.	96 Solide S. Février ½ s.s.
		69 Francœur S. Day Spring	78 Agamemnon Liber ½ s.n. S	
		69 Montbars S. Auréole	75 Toréador S. Piedestal	
			76 Ultérin R. Joubert ½ s.n.	

TARTARIN, 1/2 sang
par OURAGAN & COQUETTE par DECRESCENDO 1 m. 62 - Bai - né en 1897
chez M. GIRAUD, Pre, à MARTROU. ROCHEFORT (Charente-Infre)

1773 Pot. 8. Ch. / 90 Whacy / 1807 Whalebone.	26 Sir Hercules / 33 Irish Birdcatcher / 47 The Baron / 55 Zenove	69 Montbars	76 Unilatéral (app) / N^t de l'Etat R.		
			76 Urville R. / Lucifer	92 Orléans R. / Black Eyes	
				92 Ouragan S. / Liban ½ s.n.	97 Tartarin R. / Decrescendo ½ s.o.
					1900 Abstenez-vous / Barsac ½ s.o. R.
			77 Valais R. / Rubin ½ s.n.		
			78 Achate S. / Imperator ½ s.o.		
	26 Sir Hercules / 33 Irish Birdcatcher / 49 Womersley	59 Marignan R. / Margaret	75 Tivoli R. / Necker ½ s.n.		
	26 Sir Hercules / 41 Faugh a Ballagh	57 Prétendant	65 Pipe en Bois / Wedding	85 Beaudignan / Lucholl ½ s.an. S^te M^e	
		58 Vingt-Mars	72 Quirat R. / Rudolph ½ s.n.	88 Brillant (acc) R. / N^t de trait	

Les Fils d'Eclipse.

1773 Pot-8-Os / 90 Waxy / 1807 Whalebone		31 Jonas S.t M.r et R. / Rectory	38 Vendéen S.t M.r / Victory ½ s. n.		
		20 Abron / Altisidora	29 César S.t M.r / Lion		
1773 Pot-8-Os / 90 Waxy / 1812 Whisker	25 The Colonel / 38 Prince Lamder		49 Mériadec / Frétillon	60. Achille (ap.) S. / J.t Charent	
			50 Quadrige S. / Diomède ½ s. n.		
	25 Economist / 34 Harkaway / 51 King Tom		69 Kind Lud / Qui-Vive	88 Zambo R. / Optimia	94 Folâtre II (aut.) R. / Kaolin
					94 Quintillien / Vaisseau (app.) R. ½ s. v.
					96 Fontenay-le-C.te (ace.) R. / Kaolin
1773 Pot-8-Os / 90 Waxy	47 Vampyre / Vestal	31 Druide R. / Glocester ½ s. an.			

Les Fils d'Eclipse

1778 Joe Andrews 97 Dick Andrews 1801 Trump	20 Lottery Mandane	32 Sheet Anchor 42 Weatherbit 49 Weathergage	59 Wolfram S. Bénédiction	75 Tatius S. J.t Charent.			
		32 Sheet Anchor 43 Collingwood 60 Maubourguet	83 Croissant S. p.s.a. ar. par Circé a. ar. par Othello. ar.	88 Kiosque II Quibbler ½ s.n.t 97 Mirador S. Liber ½ s.n.			
		32 Sheet Anchor 45 Malton	56 Black Eyes R. Rosabelle	73 Rubens R. Henri IV ½ p.n. 77 Van Diemen Lahire ½ s.n.R			
			56 Brossetil S. Sylvandire	70 St. Agnant (pp) J.t charent. S.			
			45 Y. Malton R. Cornichon ½ s.n.				
		36 Caracoleur R. Impérieux ½ s.n.					
		39 Molitor R. Y. Rattler ½ s.n.					
		43 Marquis R. Imprévu ½ s.n.					
	28 Liverpool	35 Lancreast Ois	55 Essex. S. J. ang.				

1784 Don Quichotte 1806 Cervantes	25 Harlequin Flora	34 Jocko Priestess	51 Ramdam R. Sir Henry Dimsdale ½ s. an.				
		34 Hercule S. Mr. St. Sim. par Y. Wandick Junior					
		34 Hutin R. Y. Muley.					
		37 Lycurgue S. St. Sim.					
		45 Lacour Buffalo ½ s. an.	49 Pygmalion S. Mr. Eylau p. s. a. ar.				
			53 Télescope R. ou Télégraph ½ s. au et Ganymède ½ s. m.				

Emploi dans la région Vendéenne et
Charentaise, de 1822 à 1906, des Étalons de ½ sang
d'origine Anglaise

Les 242 étalons de ½ sang d'origine anglaise qui ont fait la monte dans la région vendéenne et charentaise, de 1822 à 1906, se divise en un certain nombre de groupes dont les principaux sont les suivants :

Descendants de :

<table>
<tr>
<td colspan="5">The Norfolk Phoenomenon 83</td>
<td colspan="3">Gainsborough 29</td>
<td colspan="2">Sérénader 20</td>
<td rowspan="4">Y. Phoenomenon 6</td>
<td rowspan="4">Beauvoir 6</td>
</tr>
<tr>
<td colspan="3">Y. 47</td>
<td rowspan="3">Niger 30</td>
<td rowspan="3">Ipsilanty 6 / Noville</td>
<td colspan="2">Thésée 16</td>
<td rowspan="3">Divers 13</td>
<td rowspan="3">Héliodore 9</td>
<td rowspan="3">Adonienné 11</td>
</tr>
<tr>
<td colspan="3">Lavater 47</td>
<td rowspan="2">Latané 6 / Cuthbert 6</td>
<td rowspan="2">Divers 10</td>
</tr>
<tr>
<td>Tigris 20</td>
<td>Tendur 9</td>
<td>Divers 18</td>
</tr>
</table>

Des caractères propres aux principaux étalons de demi-sang d'origine anglaise.

The Norfolk-Phœnomenon_Y_ Lavater_Tigris.

Tigris _ Cheval peu harmonieux, rond et noyé dans ses lignes, défectueux dans son dessous léger, médiocre dans son dessus et trop haut du derrière. Il a assez bien produit avec les juments de sang.

The Norfolk-Phœnomenon_Y_ Lavater_Etendard.

Etendard _ Il avait l'encolure haute, un rein musclé, il était assez large et puissant derrière, mais il était trop haut de terre, son épaule était un peu droite, ses coudes serrés, ses membres un peu légers et pas assez trempés.

The Norfolk-Phœnomenon _ Niger.

Niger _ Double poney, très étoffé et très musculeux de partout, ce qui, avec sa vitesse au trot, en faisait un étalon précieux.

The Norfolk-Phœnomenon _ Ipsilanty _ Noville.

Noville _ Petit cheval (1m59) pas assez soutenu dans le dessus, avec les hanches trop courtes et trop effacées, les canons antérieurs trop grêles, mais très connu par ses performances au trot.

Aucun de ces animaux ne présentait les caractères des animaux propres à la selle; leurs descendants doivent donc, en général, être écartés, lorsqu'on se préoccupe de produire de sujets de ce type.

Gainsborough — Thésée — Extase — Caribert — Oscar

Gainsborough — Très puissant dans son corps, pas tout à fait assez fourni dessous. Ses produits manquaient de branche.

Thésée — Rond dans ses formes, mais près de terre, fort ; il a donné des poulains d'une ampleur remarquable.

Extase — D'un bon ensemble, quoiqu'un peu court de lignes et médiocre dans son passage de sangles. D'un modèle près de terre et râblé convenant aux juments des pays de culture.

Caribert — Il laissait à désirer dans son attache de tête, la position de ses oreilles et la direction de ses membres antérieurs un peu long jointés, mais il était long dans ses lignes, ample, puissant et marchait bien.

Oscar — Ses canons étaient un peu légers, mais c'était un étalon d'un modèle précieux, ample près de terre, couvrant du terrain, bien musclé et marchant très bien.

Les caractéristiques des animaux de ce groupe sont : l'ampleur dans le corps, le près de terre, le développement de la puissance musculaire ; elles en font des animaux à rechercher pour produire le type artilleur.

Y. Phoenomenon — Beauvoir

Y. Phoenomenon — De la force dans l'ensemble, mais manquant de lignes, pas assez fort dessous, laissant à désirer dans son dos et ses jarrets. Allures ordinaires.

Beauvoir — Un peu haut et court, il avait aussi l'épaule un peu ronde, mais c'était un animal de conformation épaisse, d'une robuste constitution, marchant bien, d'un emploi facile partout.

129 bis

VAL de SAIRE, 1 2 sang,
par NERVEUX & NORMANDIE, par JAGELLON, 1 m. 64 - Bai marron - né le 28 Avril 1898)
chez M. BRANTHOMME à GATTEVILLE (Manche)

129 bis

BEAUHARNAIS, 1 2 sang
par NIZAM & SOURCE par JAMES - WATT, 1 m. 67 - noir - né le 15 Mars 1901
chez M, O. MOULINET à St LÉGER - sur - SARTHE (Orne)

44 Télégraph Old Granby 1/2 s. an.	52 Succès The Juggler	59 Despote Adolphus	66 Léotard Ballinkeele	71 Patchouli S. Terragus 1/2 s. n.				
				74 Salamyre S. Glorieux 1/2 s. n.				
				79 Béziers R. Lord 1/2 s. n.				
	54 Valide R. Impérieux 1/2 s. n.							
45 The Norfolk Phœnomenon	58 Y Invincible	67 Lavater ou Crocus Candelaria 1/2 s. an.	72 Qui-Vive S. Thésée 1/2 s. n.					
			75 Tigris The Heir of Linne	81 Don Quichotte Matchless	89 Lamech R. Rigolo 1/2 s. n.			
				82 Espoir Normand	88 Kino R Saphir 1/2 s. n.			
				83 Fontenay Renemesnil	89 Loup-Garou The Heir of Linne	94 Quasimodo R Camembert		
					91 Nizam The Heir of Linne	99 Vœ Victis R. Don Quichotte 1/2 s. n. ou Acquila 1/2 s. n.		
						1901 Beauharnais James Watt 1/2 s. n. R		
					91 Nerveux Lavater	99 Val de Saire R. Jagellon 1/2 s. n.		
					92 Ohio S. Aristocrate 1/2 s. n.			
				83 Florestan S. Kilomètre 1/2 s. n.				

Les demi-sang anglais.

45 The Norfolk Phœnomenon / 58 Y. / 67 Lavater				
	75 Tigris	83 Fournichon / Ovide	88 Kermeth R / Saturne ½ s.n.	93 Partisan (ap) S / Vanité ½ s.n.
		85 Mocquaincourt / Conquérant ½ s.n.		
		85 Homard / Normand	92 Otello S / Interprète ½ s.n.	
		86 Indépendant / Mazeppa ½ s.n.		
		87 Jason III R / Conquérant ½ s.n.		
		87 Jongleur R / Normand ½ s.n.		
		87 Qui-Vive / Phaëton	95 Rideley R / Reynolds ½ s.n.	
			95 Robertson (ap) R / Reynolds ½ s.n.	
		87 Kalmia (ap) / Normand	95 Rajah R / Cherbourg ½ s.n.	
		92 Ouest R / Niger ½ s.n.		
	78 Agnadel / The Heir of Linne	84 Gonzague / O'Connel	89 Leibnitz / Renaissant	95 Rastaquouère R / Ménélas ½ s.n.
	79 Bataclan IV / Kapirat	86 Jarbas S / Intact ½ s.n.		
	81 Domino noir / Pastourelle	86 Indiscutable R / Lansborn ½ s.n.		
	81 Dunois / The Heir of Linne	89 Léna R / Utrecht ½ s.n.		

45 The Norfolk Phœnomenon. 53 Y. 67 Lavater			
	81 Dante / Pamela	92 Ondoyant R. / Régénérateur ½ s.n.	
		92 Opiniatre R. / Balm ½ s.n.	
	82 Etendard / The Heir of Linne	90 Mercure S. / Acquila ½ s.n.	96 Sans Vergogne R. / St Cloud
			96 Sénateur R. / Diamantin ½ s.s.
			96 Sergentin S. / Decrescendo ½ s.s.
			96 Sérieux S. / Quibbler ½ s.n.
			98 Ursal R. / Kellerman ½ s.s.
			99 Vermu R. / Rébus ½ s.n.
		90 Moulin Rouge R. / Niger ½ s.n.	
		90 Moujick R. / Torrent	
	82 Sopadem / Conquérant	87 Janina S. / Bataillon ½ s.n.	
	83 Frontignan / Pte fille de Souvenir	88 Hermès R. / Platen ½ s.n.	

Les demi-sang anglais

45 The Norfolk Phœnomenon 58 Y. 67 Lavater	83 Faro S. Regnard 1/2 s.n.				
	84 Gladiator S. The Heir of Linne				
	87 Jacquet R. The Heir of Linne	94 Questembert S. Vanité 1/2 s.s.			
		99 Vitré R. Caribert 1/2 s.n.			
		1900 Anguleux Juvigny 1/2 s.n. R.			
		1902 Chavagnes Hérode 1/2 s.n. R.			
	63 Hannon Kramer	85 Harfleur S. Pompon 1/2 s.n.			
	64 Joachim R. Medge 1/2 s.n.				
45 The Norfolk Phœnomenon	64 Ipsilanty Sylvio	69 Noville Turk 1/2 s.au.	78 Archiduc Dalin ou Affidavit	83 Farnèse Washington	92 Odieux R. Edgard 1/2 s.n.
					94 Quatriennal Utrecht 1/2 s.n. R.
			79 Bégonia R. Conquérant 1/2 s.n.	87 Jongleur XII Qu'on dira-t-on 1/2 s.n. R.	
				89 Lézard S. Thuriféraire 1/2 s.n.	
			86 Irun R. Tigris 1/2 s.n.		

45 The Norfolk Phœnomenon

69 Niger Miss Bell ½ s. an.	75 Stag (ap) S. Marquise ½ s. an				
	76 Bataillon Moteur	85 Harem R. Royal			
		86 Insigne S. Oranger ½ s. n.	91 Nic S. Orphéon ½ s. n.		
			94 Quinola S. Dandiny ½ s. n.	1900 Arrogant R. Magenta ½ s. n (ap)	
				1900 Aurignac S. Défenseur ½ s. char.	
				1901 Bolcan S. Côte d'Or ½ s. n.	
		86 Ischia R. Producteur ½ s. n.			
		88 Kioto Intact	95 Reischoffen R. Tourville ½ s. n.		
		89 Lagny R. Kabin ½ s. n.			
		90 Martin sec R. Truplu ½ s. n.			
	76 Ulysse III Conquérant	84 Gavarni S. Phare ½ s. n.			
	77 Valencourt Fitz Pantaloon	87 Jourdan R. Néville ½ s. n.	92 Olibrius R. Calvin ½ s. n.		
			93 Pellico R. Jambes d'argent ½ s.n.		
			94 Quinola R. Pactole ½ s. n.		
			94 Quêteur R. Kapirat II ½ s. n.		
		90 Mylord R. Irlandais ½ s. n.			

Les demi-sang anglais.

45 The Norfolk Phœnomenon	69 Niger	78 Acquila Centaure	84 Garbon S. Stade ½ s.n.	89 Lecerf R. Nivose ½ s.n.
				93 Paroli R. Treluquet ½ s.n.
			85 Hérode S. Kilomètre ½ s.n.	
			85 Héron S. Kilomètre ½ s.n.	
		79 Bayard IV Trotting Rattler	86 Isambar S. Gargantua - p.s.a.a.	
			91 Nevers S. Parnasse	
		80 Cambacérès Phœnomenon ½ s.an.	85 Héliogabale R. Sole II	
		80 Centaure S. Optimé ½ s.n.		
		82 Eboli R. Faust		
		83 Fier à Bras Normand	89 Lilas Koping	94 Quintin R. Tournichon ½ s.n.
60 Y. Phœnomenon Sir Hercules	69 Beauvoir R. Marmignac ½ s.n.	86 Inespéré S. Maribon ½ s.n.		
		86 Iphitus R. Kapirat ½ s.n.		
		87 Jackson R. Kapirat ½ s.n.	94 Quart d'heure S. Quinault ½ s.n.	
		87 Jacob S. Kapirat ½ s.n.		

BEAUVOIR, 1 2 sang,

par Y. PHŒNOMENON & N... par KARMIGNAC 1 m. 62 - Alezan doré - né en 1862

PAROLI, 1 2 sang,

par GARBON & NICOTINE par FRELUQUET, 1 m. 64 - Bai - né en 1893

à Ste CROIX - de - MAREUIL (Dordogne)

CARIBERT, 1/2 sang,

par **EXTASE & RIGOLETTE,** par **HICK** ou **IGNACE** 1 m. 61 - Alezan doré - né le 29 Mars 1880
chez M. COMPTET à BAVENY (Calvados)

OSCAR, 1/2 sang,

par **CARIBERT & CLAIRETTE** par **JAMBES - d'ARGENT,** 1 m. 60 - Rouan - né en 1892
chez M. ROUSSELOT, Auguste, LE PERRIER (Vendée)

MADURA, 1/2 sang,

par **HOTTENTOT & SULTANE,** par **DOLLAR,** 1 m 60 - Bai marron - né le 15 Mars 1890
chez M. PACARY, à St-GEORGES - D'ELLE (Manche)

45 Gainsborough / Gainfull ½ s. a.	53 Thésée / Xerxès					
		58 Cambronne S. / Voltaire ½ s. n.				
		58 Courtomer R. / Merlerault ½ s. n.				
		60 Extase / Kramer	80 Caribert R. / Nick ou Ignace	91 Marbo R. / Jambes d'Argent ½ s. n.		
				92 Oscar R. / Jambes d'Argent ½ s. n.	1900 Anglard R. / Héros ½ s. v.	
				92 Ospodar R. / Vanité ½ s. n.	97 Théodore (acc) R. / N.	
		62 Gil Blas R. / Hospodar ½ s. n.				
		63 Héliotrope ou Pledge et Séducteur	75 Triomphe R. / Utrecht ½ s. n.			
			81 Darwin S. / Centaure ½ s. n.			
		72 Quality ou Centaure et Wanderer ½ s. a.	77 Véritable R. / Ignoré ½ s. n.			
			77 Vanikoro / Kapirat	82 Esbly / Vandermulin	89 Lincoln R. / Teinturier ½ s. n.	
				85 Hottentot / Kabin	90 Madura R. / Dollar ½ s. n.	
			83 Fulminant / Nicanor	88 Kampong R. / Urquhla ½ s. n.		
			85 Horizontal S. / Quickly ½ s. n.			

Les demi-sang anglais.

Gainsborough						
	53 Tamerlan Miss Allen	58 Clotaire S. Perfection 1/2 s.n.				
		59 Ducamtal Licteur	72 Guinson S. Ugolin 1/2 s.n.			
		60 Essence Kay	66 Kabasson R. ou Docteur et Défence 1/2 s.an.	73 Radius R. Commodor Napier		
			67 Mahométan Aj. Défence 1/2 s. R.an.			
		60 Esope R. Pégase 1/2 s.n.				
		62 Gap R. Kay 1/2 s.n.				
		63 Hastings S. Paternel 1/2 s.n.				
		67 Malaga S. Victorieux 1/2 s.n.				
		71 Permutant Victorieux 1/2 s.n. R.				
	55 Vice-Roi Merlerault	62 Gallipolis S. Raglan 1/2 s.n.				
		68 Masséna R. Succès 1/2 s.n.				
	58 Yvonnet R. Jt. Norm.					

51 Sérénader The Troubadour	63 Héliodore S. Prince ½ s.n.	71 Phœbus S. Routier ½ s.n.	76 Universel (ap) J.x Charent. R	
		73 Réaumur S. J.x ½ s.		
		73 Remember S. Egée ½ s.n.		
		73 Rex S. Herculanum ½ s.n.		
		73 Rodilard S. Ruban ½ s.n.		
		74 St Laurent S. Routier ½ s.n.		
		75 Héliodore (ap) J.x Charent.		
	64 Idoménée Sylou-p.s.a.ar	69 Nagel Lahore ½ s.an	76 Uraro S. Harmonieux W ½ s.n.	
			78. Abbeville S. Volant ½ s.n.	
		71 Page The Heir of Linne	86 Icoglan S. Karnac ½ s.n.	
		73 Rapin S. Lahore ½ s.an.	79 Bohémien S. Kalbrenner ½ s.n.	
		75 Thétis S. Perfection ½ s.n.		
		76 Uhring R. V.a de bon cœur ½ s.n.		
		82 Eperlan Divus.	88 Kouka S. Vice-Roi ½ s.n.	
		84 Gitano S. Newton ½ s.n.		
		85 Hier Jackson	90 Magnolia S. ou Dacapo et Qui-Vive ½ s.n.	1901 Bavricourt Quillebœuf ½ s.n.

Les demi-sang anglais.

1801 Highflyer	22 Lycomède R. / Bacha p.s. ar.		
Y. Muley	28 Bosseman St Mt / Rt. limousine		
	30 Devin R. / Lion p.s. ar.		
	31 Ethon St Mt & R. / William The First 1/2 s. ang.		
Pilott	29 Romantique 1st Mt / Jt norm.		
1812 Y. Topper	24 Mage St Mt / Héraclius 1/2 s an.		
	27 Patient St Mt / Mottot 1/2 s.n.		
	30 Sphinx St Mt / Y. Jaggar 1/2 s.n.		
	R.	41 Hippiatre St Mt / Rt. Norm.	
	36 Débardeur / Cleveland 1/2 s. an.	44 Heureux R. / Lucholl 1/2 s. an.	52 Luron (ap) R. / Rt. Vend.
1823 Bob Warwick	34 Artus St Mt & R. / Bope 1/2 s. ang.		
1823 Pretender	34 Xylon R. / Y. Snail 1/2 s. an.	47 Bouin S. / Rt. Vend.	
	35 Ardoisé St Mt / Dominant 1/2 s.n.		
	35 Bourgmestre / Firman 1/2 s.n. St Mt		

1823 Alasco R. ½ s. an.						
Wildwid ½ s. an.	23 Libérateur R. Matador ½ s. n					
Valient ½ s. an.	31 Sincère s. m.t Massoud p. s. ar					
Prosélyte ½ s. an.	31 Télémaque s. m.t et R. Mage ½ s. n.					
	34 Xantippe s. m.t Y. Rattler ½ s. an.					
	34 Xariphus s. m.t Héraclius ½ s. an.					
	35 Batailleur s. m.t Lucholl ½ s. an.					
1824 Pagar R. ½ s. an.						
Talma ½ s. an.	35 Arcas s. m.t Y. Topper ½ s. an.					
Burgos ½ s. an.	35 Brillant s. m.t Snail					
1828 Y. Cydnus ½ s. an.	42 Isigny R. Pégase ½ s. n.	60 Émigré S. Cornichon ½ s. o.				
		60 Émissaire (ap) Fabricius ½ s. n.				
		60 Éros R. Intact ½ s. n.				
		60 Fleuri (ap) R. Gambetti				
		63 Idéal S. Cornichon ½ s. n.				

Les demi-sang anglais.

1828 Y. Cydnus	46 Magistrat. R. Eastham	60 Fontenay (ap) Doigny ½ s. n. R.				
1829 Rob Roy ½ s. an. R.						
1830 Y. Gaberlun--zie ½ s. an.	41 Hérophile S.t M.t Kt Morin.					
	43 Joigny R. Eastham					
1831 Rambler S.t M.t et R. ½ s. an						
1831 Baronnet. R. ½ s. an.						
1832 Olivier--Cromwell ½ s. an.	42 Incomparable Nor. et R Pick Pocket.					
1833 Alexander R. ½ s. an.						
1834 Gaberlun--zie S. ½ s. an.						
1833 The Drum Major. S.t M.t ½ s. an.						
1834 Sir Henry Dimsdale ½ s. an.	49 Patron S.t M.t et R. Pégase ½ s. n.					
	51 Rimini S. Aboucanier ½ s. n.						
1837 Erudit S.t M.t et R. ½ s. ang.						

1840 Wanderer ½ s. an.	56. Auguste S. Montaigne ½ s. n.						
	61 Fulton S. Voltaire ½ s. n.						
1840 Y. Supérior ½ s. irl.	52 Strabon S. Sylvio						
	52 Sublime S. Sylau p. s. a. ar						
1843 Coleraine ½ s. an.	54 Urus Lucain	62 Gustave S. K^t ½ s.					
1844 Robin Hood ½ s. an. R							
1844 The Hairy R ½ s. an.							
Glocester ½ s. an.	50 Quantième S. et St Mt K^t norm.						
1845 Corsair ½ s. an.	53 Tallien Adolphus	58 Crillon R. Télégraph ½ s. an.					
1846 Télégraph ½ s. an. R							
1847 Spéculator ½ s. an. R							
Sotter ½ s. an.	54 Urbinus S. Impérieux ½ s. n.						

Les demi-sang-anglais.

1848 Fire Away 1/2 s. an.	62 Sir Edwin Landseer Cliff Fire Away 1/2 s. an.	76 Ukoré R. Navigateur 1/2 s. n.					
	67 Langwey S. Ganymède 1/2 s.n.						
1849 The Nemrod 1/2 s. an.	53 Misanthrope Troarn 1/2 s. n.						
1851 Snap S. 1/2 s. an.							
1852 Y. Atlas 1/2 s. an.	59 Diritto R. Pied de chêne 1/2 s. v.						
	59 Douglas R. Intack 1/2 s. n.						
Man Friday R. 1/2 s. an.							
1854 Marquis R. 1/2 s. an.							
1855 Duc R. 1/2 s. an.							
1855 Matchless R. 1/2 s. an.							
1857 Y. Phoeno-menon par Wildfire 1/2 s. a	64 Intelligent S. Ganymède 1/2 s. n.						
	66 Phosphore Miss Bell 1/2 s. an.	57 Beaujon S. Gaspardo					

59 Rainbow S. 1/2 s. an.								
59 Riffle Boy R. 1/2 s. an.								
59 Minias R. 1/2 s. an.								
59 Fire away the second R.	72 Générateur J. ang. (ap.) R.							
60 Lord Clyde R. 1/2 s. an.								
60 Baron Knight 1/2 s. an.	87 Lamartine R. Vigoureux 1/2 s. n.							
60 Y Quick Silver 1/2 s. an.	80 Hardy ou Normand Ouvrier	90 Matha R. Jackson 1/2 s. an.						
61 Renovator R. 1/2 s. an.								
61 Gold Dust R. 1/2 s. an.								
61 Golden Leaf R. 1/2 s. an.								
62 Général Shermau S. 1/2 s. an.	69 Nasica (ap) R. Smilien							
62 Denmark 1/2 s. an.	70 Omnibus S. Taconnet 1/2 s. n.							
62 Farmer's Glory R. 1/2 s. an.								
62 Sir Colin S. 1/2 s. an.								

1863 Waxwork ½ s. an.							
1863 Libérator ½ s. an.	70 Oriflamme Coleraine ½ s. an. R.						
	74 Supérieur R. Kadlator ½ s. n.	79 Batave R. Oscar ½ s. n.					
	76 Unique S. Ventre St Gris						
	76 Unique	82 Ecarté ou Végès ou Législateur ex Mick	97 Tricoleur R. ½ sang.				
Great Master ½ s. an.	69 Noyon R. Ursin ½ s. n.						
1864 Clear the way ½ s. an.	79 Bataille Fleuron ½ s. bret.	94 Nicéphore (ap) R. n.					
1871 Prince Royal ½ s. an. R.							
1871 Lord Granville ½ s. an. R.							
1872 Weighton Merry legs (R.) ½ s. an.							
1874 Old Times ½ s. an. ou 86 Bitley ½ s. ang	91 Naontec ex Old Times ½ s. bret.	99 Lundi ex Naontec (ap) R. Karat ½ s. n.					
74 Old Times	94 Sergot (ap) R. St Bretonne						

1890 Rob ½ s. an	1900 Robuste (ap.) 1r. R.					
1890 Rufus of Kedness ½ s. an.	1901 Marin (ap.) 1r. R.					
1896 Denmark Vigorous ½ s. an	1902 Allande (ap.) Veteran R. ½. s. n.					

62 Expéditor S. ½ s. russe		
63 Seriosnoy ½ s. russe R.		
63 Boyard ½ s. russe	76 Ubiquiste R. Baron Knight ½ s. an.	
64 Washington ½ s. all. de race Trakehnen	85 Houlgate (S.) Agenda ½ s. n.	
64 Héros ½ s. russe R.		
64 Prince ½ s. russe (ap) R.		
66 Lapin ½ s. russe (ap).	77 Lucifer (ap) R. St Vend.	
Plateff ½ s. russe S. (68-78)	72 Quand même S. Alerte	77 Vultra (ap) S. Nivose ½ s. n
	73 Romulus S. Lansborn ½ s. big.	
	74 Sully S. Lansborn ½ s. big.	
70 Shamrock ½ s. aut.	81 Diable au Corps R. Urus ½ s. n.	89 Jacques (acc) R. R.
		91 Jongleur (acc) St Sal. R.
	84 Géricault R. Hélios ½ s. n.	

Emploi dans la région Vendéenne et
Charentaise de 1822 à 1906 des Etalons
descendants des
Demi-sang Étrangers

(16)

25

Chevaux Orientaux.
(60)

25

Demi-sang du Midi
(2)

25

Dates de
Naissance — 22 à 31 — 32 à 41 — 42 à 51 — 52 à 61 — 62 à 71 — 72 à 81 — 82 à 91 — 92 à 1901

1815 Massoud p. s. ar	27 Marmot Miss Stephens ½ s. an.	45 Licteur Voltaire ½ s. n.	59 Delight-Full Robinson R.				
	43 Romagnési p. s. a. ar. Didon	48 Xénophon p. s. a. ar. Danaé (R) (Massoud ar.)					
1821 Bédouin p. s. ar.	29 Cosreïr (S.t M.t) H.t de 2 Ponts						
	38 Mahmouth p. s. ar. Aschoura (S.) (Pacha)						
	40 Ouadi (S.) H.t lim.						
Haleby p. s. ar.	27 Asdrubal (S.t M.t et R.) Supérieur ½ s. ar.						
1822 Beni p. s. ar.	44 Menasser R. H.t barbe						
Durzy p. s. ar.	22 Soliman R. ½ s. lim. Cophte p. s. ar.						
1827 Abou-Arkoub p. s. ar.	40 Onyx S. H.t lim.						
1830 Turkman (R) p. s. ar.							
1833 Ghewani (S.t M.t) p. s. ar.	50 Ali p. s. ar. (S.t M.t) Corr. par Antar						
1835 Béchir (S.t M.t) p. s. ar.							
1835 Irac (S.) p. s. ar. par Antar et Monaghie							

Les chevaux orientaux.

1836 Joly (S.t M.t et R.) (p. s. ar. né en Algérie)	46 Réaumur S.t M.t et S. R.t vend.					
	47 Chantonnay Bastion ½ s. R.					
	47 Titan (R.) King ½ s. n.					
1837 Keff ½ s. barbe (R.)						
1840 Saklawy ½ s. ar (R.)						
1843 Low ½ s. barbe (R.)						
1844 Monassor ½ s. barbe (R.)						
46 Bedreddin (S.) p. s. ar. Saoud et Garba par Bedouin.						
46 Ben-Abian p. s. ar (R.) Abian et Bataza						
48 Sidi Laribi ½ s. barbe (S.t M.t)						
49 Soliman-ben- -Kalifa (S.t M.t) ½ s. barbe.						
50 Samman (S.) p. s. ar. Né en Perse.						
52 Lambro p. s. ar (R.) Hussein et Amine par Luison						

149 bis

ARÇON, 1 2 sang,

par FONTARABIE (p. s. a. ar.) ou DOMIDIO (p. s. a.) & MOISA par GAGNE PETIT, 1 m. 62 - Alezan - né en 1900
chez M. ROMIEUX Léopold, a GRAVES (Charente-infr)

54 Balkan p. s. ar. (R) Bagdadli et Nazareth par Hussein							
54 Calumet p. s. ar. (R) Bagdadli et Nedjibé							
60 Nahr-el-Kébir p. s. ar.	67 Ukase (S) Jt. big. (Harchane p. s. ar)						
62 Sidi p. s. ar.	82 Emblème (S) Quickly 1/2 s. n.						
	83 Fabliau (S) ou Palatin et Victorieux 1/2 s. n.						
63 Borack (R) p. s. ar.	74 Calumet (R) Y. Atlas 1/2 s. an.						
63 Dahabi p. s. ar. imp	79 Séleucide (S) p. s. a. ar. (up) Gérusa p. s. a. ar (Djerasch ar)						
64 Djerasch p. s. ar.	82 Eyalet (S) Womersley						
65 Razel-Abiad p. s. ar. (R)	76 Ultimo (R) Farfadet 1/2 s. n.						
66 Salem (S Mt) 1/2 s. barbe							
68 El Ghor p. s. ar.	76 Ursin (S) Germanicus 1/2 s. n.						
68 Wahab p. s. ar.	79 Gingembre p. s. a. ar.	86 Fontarabie (S) p. s. a. ar. Fleur d'Avril (Dahabi ar)	1900 Arçon (R) ou Bomidio Gagne-Petit 1/2 s. n.				

Les chevaux orientaux

70 Exilé ½ s. barbe (S.)(ap.)		
72 Mascara ½ s. barbe (S.)(ap.)		
72 Nassim p.s.ar.	83 Frou-Frou (R.) p.s.a.ar. Attalante a.ar. (Said-Pacha ou Othello ar.)	
72 Harami p.s.ar.	79 Gédéon (R.) p.s.a.ar. Stockwell mare	
	82 Juillac (R.) p.s.a.ar. Poetry (Stockwell)	
	82 Jugurtha p.s.ar. (S) Zamilie ar.	
73 Mazères p.s.a.ar. Infant a.ar. et Rohel a.ar. par Napoléon	82 Espeletto ex Campy (S) (Solo)	
75 Amrami (p.s.ar.)	82 Jéovah p.s.a.ar.(S) Durham (Lifeboat)	
76 Daoud p.s.ar.	81 Isard p.s.a.ar (R.) Clorinda (Angelus)	
	82 Job - ar. (Dolma Batché	87 Oreste (S) p.s.a.ar. Renée (Carnival)
77 St.Mers p.s.ar.	82 Jean Bart (S) Actéon p.s.ar.	
78 Tregian p.s.ar. (R.) par Sadrazam et Sultane par Rabdan		

94 Liban p. s. ar. (S) Abdeni-Samari et Abdenia Kibésa						
89 Nahr-Ibrahim p. s. ar.	96 Bombay (S.) Bombe p. s. a. ar. (Milan)					
	96 Ibrahim II (S.) p. s. a. ar. Iliade (Beau Merle)					
90 Beni-Haled p. s. ar.	1900 Lobelia (S.) p. s. a. ar. Miller's Maid (Craig Millar)					
93 Exilé p. s. ar. (S) (ap.) par Bagdaline. Importée pleine.						

Les demi-sang du midi.

Pandore 1/2 s. lim.	25 Brillant (R.) Forih						
Pompadour 1/2 s. lim.	26 Phœnix (R.) N.r arabe						

Ajax ½ s n.	25 Affigeant / Xt ½ s n. (St Mr)					
Inconstant ½ s n	27 Querelleur / Xt ½ s. (St Mr)					
Chasseur	27 Quandros / Xt ang	38 Grou-Grou / Sauvage (St Mr et R) ½ s n				
Necker ½ s.	28 Quisana / Xt ½ s. (St Mr)					
Fermier	30 Sauvage	39 Gautier (St Mr et R) / Martagon ½ s n				
		42 Interdit (St Mr) / Bob Warwick ½ s ang				
		42 Jablonski (R s) / Y. Gaberlunzie ½ s ang				
Fire Away	31 Éclair (St Mr) / Xt ang					
King	26 Oscar (St Mr) / Xt noun					
44 Sancho	57 Beaumanoir / Turpin ½ s ang	62 Gotha / Comminges	72 Quinquet (S) / Ugolin ½ s n			
		69 Nivose (S) / Raglan ½ s n				
		70 Orphéon s. / Dartagnan ½ s n	77 Violon (S) / Brededdin p.s.n.	86 Jama (R) / Puiset ½ s n		
			81 Démosthènes / Fernand Cortès ½ s n (S)			
			82 Éclant (S) / Uniady ½ s n			
			89 Liard (S) / Carmin ½ s n			

44 Sancho	57 Beaumanoir	72 Quatrimone Paladin (S.)					
		72 Quikos (S.) Ramsay					
		73 Rodeur (R.) Victorieux 1/2 s.n.					
45 Franconi 1/2 s.n. (R.) (ap.)							
Madrigal 1/2 s.n.	53 Tourangeau Cornichon 1/2 s.n. (S.) (ap)						
Préféré 1/2 s.n. (ap)	55 Vulgaire (S. et R.) 9. Cydnus 1/2 s.an.						
52 Peruzzi 1/2 s. (S.)							
Bouffé 1/2 s.n	61 Fantôme (R) Hercule de l'Eure 1/2 s.n.						
57 Normand 1/2 s.n. (ap.) (S.)							
Galba	71 Partisan Wanderer 1/2 s.an.	76 Urbi (S.) Lahore 1/2 s.an.					
		76 Urimesnil Karnac	81 Delaware Norfolk trotter 1/2 s.ang.	87 Jean Bart (S.) Ignace 1/2 s.n.			
55 Hyacinthe 1/2 s.n. (ap) (R.)							
Kerjean 1/2 s.br.	73 Kerjean (ap) (R.) N^t bretonne						
Villiers 1/2 s.n.	75 Thuriféraire N^r norm. (R)						

GOLDONI, 1/2 sang,
par TRISTAN & LISA, par LÉGISLATEUR, 1 m. 60 - Bai châtain - né le 20 Avril 1884
chez M. le Mis de TRÉPREL, à TRÉPREL (Calvados)

64 Interprète par Centaure / 69 Interprète par Interprète	75 Tristan West-Australian	84 Goldoni (R.) Législateur ½ s.n.	91 Navire (R.) Printemps / 92 Océan (R.) Printemps			
		86 Idole (S.) Ximénès ½ s.n.				
57 Impérial par Impérial / 64 Impérial par Ursin	73 Rébus (S.) Ferragus ½ s.n.	89 Liphar (S.) Curtius ½ s.n.				
81 Diplomate par Tigris / 81 Diplomate par Werner	87 Japonais (R.) Harmonieux ½ s.n.					
76 Utique par Jactator / 76 Utique par Orphée	81 Darnetal Phare	89 Lasson (R.) Utrecht ½ s.n.				
		89 Luxeuil (R.) Quinte-Curce ½ s.n.				
74 Socrate (ap.) par Conquérant / 74 Socrate (ap.) par Trouville / 74 Socrate (ap.) par Victorieux	89 Lion (S.) Orville ½ s.n.					
69 Nadar par Uzel / 69 Nadar par Abrantès	77 Végétal (S.) Lothaire ½ s.n.					
74 Serviteur par Normand / 74 Serviteur par Ugolin	82 Jadis Trotting Rattler ½ s. ang.	88 Kriss Valdempierre	96 Sergent (R.) Qu'y met-on ½ s.n.			

Table des Matières

A.

A.	33	95	4
Abbeville	78	137	4
Abraham	78	104	5
Abrantès	78	16	2
Abstenez-vous	1900	125	6
Acacia	56	74	5
Accès	1900	30	5
Accroc	1900	8	4
Accroche-cœur	54	97	5
Achate	78	125	4
Achille (Mériante)	60	126	4
Achille (Quintal)	55	112	6
Adanapar	80	95	7
Adast	1900	32	4
Admète	78	16	2
Agamemnon	78	124	4
Agy	1900	14	5
Aie	36	37	1
Aigle Royal	1897	41	7
Aizenay	68	25	2
Ajaccio	35	51	3
Ajax II	65	49	3
Ajou	1900	7	3
Alasco	23	139	1
Alborz	56	22	2
Albraut	78	29	2

Alcazar		1900	34	3
Alcide		52	84	3
Alco		1900	105	7
Alerte		58	83	3
Alexander		33	140	1
Alfort		73	104	5
Ali (Collingwood)		57	97	5
Ali (Gheïsani)		50	147	2
Alias		1900	31	4
Aliove		34	24	1
Allande		1902	145	2
Amadis (Eastham)		30	75	2
Amadis (Nadar)		78	22	3
Amber		78	68	4
Ambigu	P	1900	29	4
Amen		65	74	5
Américain		1900	29	5
Amiante		1900	8	4
Amical	P	78	17	2
Amilcar		78	69	6
Amulio		86	47	4
Amurat		78	116	8
Ancelot		56	111	5
Ancenis		61	23	5
Anchise		78	15	4
Andard	P	1900	36	4
André		47	72	5
Anglard		1900	135	6

Angles		78	104	5
Anguerny		1900	29	4
Anguleux		1900	132	3
Anis		1900	8	3
Antinous		1900	32	3
Aphone		1900	11	3
Apollon	P	1900	11	3
Apôtre		56	58	4
Apremont		1900	106	6
Aquilin		73	96	4
Aramis		57	64	3
Arbitre		1900	35	2
Arcas		35	139	2
Arc-en-Ciel		52	83	3
Architecte		78	26	4
Arcis		50	122	5
Arcole		78	5	5
Arçon	P	1900	149	4
Ardoisé		35	138	2
Argos		78	17	2
Argot		1900	69	9
Arius		78	57	4
Arlequin III		93	49	5
Arnac		53	83	3
Arow		1900	10	3
Arreau		56	4	5
Arrest		1900	11	3
Arrogant (Kalender)		78	110	8

Arrogant (Guinola)	1900	133	6
Arroi	1900	8	4
Arsenal	78	118	5
Artaban	1900	34	3
Artenay	50	40	7
Artimon	1900	30	5
Artiste	1900	7	3
Artus	34	138	2
Arwed	38	44 5 / 72 4	
As de cœur	78	68	4
Asdrubal	27	147	2
Assaut	45	83 2 / 122 4	
Assur	52	46	3
Athol	30	96	4
Atys	94	46	5
Auditeur	78	121	7
Augias	1900	34	3
Auguste	56	144	2
Aulu Gelle	78	113	7
Aurélius	76	102	5
Aurensan	78	94	5
Aurignac	1900	133	6
Auriol	37	102 2 / 111 4	
Auriol II	55	111	5
Authie	1900	28	3
Avant-Garde	68	89 5 / 124 3	
Aventurier	86	104	6
Avricourt	78	117	6

Table des Matières (Suite)

Table des Matières (Suite).

Table des Matières (Suite).

Table des Matières (Suite)

Table des Matières (Suite).

Table des Matières (Suite).

Table des Matières (Suite)

Suppliant	51 72 4	The Drum Major	33 140 1	Tourne-Toujours	91 1 6	Uberach	76 115 4
Sylphe	36 145 5	The Hairy	44 141 1	Tout-Atout	97 6 5	Ubérius	98 33 3
Sylvio	74 55 3	The Minstrel	83 89 6	Tragédien (Marcassin)	97 29 4	Ubescy	76 124 4
T.		Théobard	97 88 8	Tragédien (Ravenshoë)	75 123 7	Ubiquiste	76 146 2
		Théodore	97 135 6	Tragique	97 33 3	Uchard	76 56 3
		Théodoric	79 48 4	Trébucher	97 12 2	Udor	76 56 3
Tacite	53 59 3	Théorème	97 30 5	Tribun	75 55 4	Ugolin I	98 106 7
Tadjourah	97 34 3	The Roué	47 79 3	Tricheur	97 32 3	Uhlan	98 33 3
Talisman	97 28 3	Thétis	75 137 3	Tricoteur	97 144 4	Uhring	76 137 3
Tamar	97 68 6	Théville	97 107 6	Trideur	96 50 5	Ukase (Brocardo)	54 122 5
Tamarin	75 55 4	Thorigny P	97 122 8	Triomphe	75 135 4	Ukase (Nahr-el-Kébir)	67 149 2
Tambour-Major	97 115 5	Thuriféraire	75 154 2	Triops	31 75 2	Ukase (Pompignac)	98 34 3
Tangara	75 115 4	Tibulle	97 8 3	Triton	75 5 5	Ukoré	76 142 3
Tant-mieux (Marquois)	97 9 3	Tintamarre	75 52 6	Trompeur (Liber)	75 22 4	Ulanoff	54 51 4
Tant-mieux (Trocadéro)	79 100 5	Tippler	50 86 4	Trompeur (Oliban)	97 68 7	Ulcéré	98 10 3
Tartare	75 70 3	Tippler II	56 86 4	Troubadour	53 122 5	Ulric	45 96 4
Tartarin P	97 125 6	Tire Larigot	86 82 4	Trouville P	97 6 5	Ulrick	98 10 3
Tatius	75 127 5	Titan	47 143 2	Tunis (Mystère)	97 69 9	Ulster	76 16 2
Tattersall	97 8 3	Tivoli	75 125 4	Tunis (Nicolet)	97 13 3	Ultérin	76 124 4
Télégraph	46 141 1	Toréador (Lance à Mort) P	97 105 7	Turbulent	97 32 3	Ultimatum	32 73 4
Télémaque	31 139 2	Toréador (Montbars)	75 124 4	Turenne	75 54 3	Ultimo	76 149 2
Téléphone	97 13 4	Tolbiac	97 33 3	Turin	97 32 3	Ultor	76 72 4
Télescope	53 128 4	Topinambour	49 50 4	Turkman	30 147 1	Ultra	54 59 3
Tempétueux	97 28 3	Torcol	75 15 2	Turlupin	96 82 6	Ultramondin	76 60 7
Tentateur P	97 33 3	Torricelli	53 62 3	Tyrsois	53 18 3	Utrera	98 10 3
Terme P	75 19 5	Toujours	97 3 7	**U.**		Ulysse	43 43 5
Terminus P	97 36 4	Tourangeau	53 154 2			Umber	76 26 4
Tetotum	28 97 3	Tournesol P	97 6 5	Ubald	54 110 6	Umbo	98 12 2

Ouvrage exécuté par
E. Laboureyras, Imprimeur.
20, Rue La Bruyère
Paris.

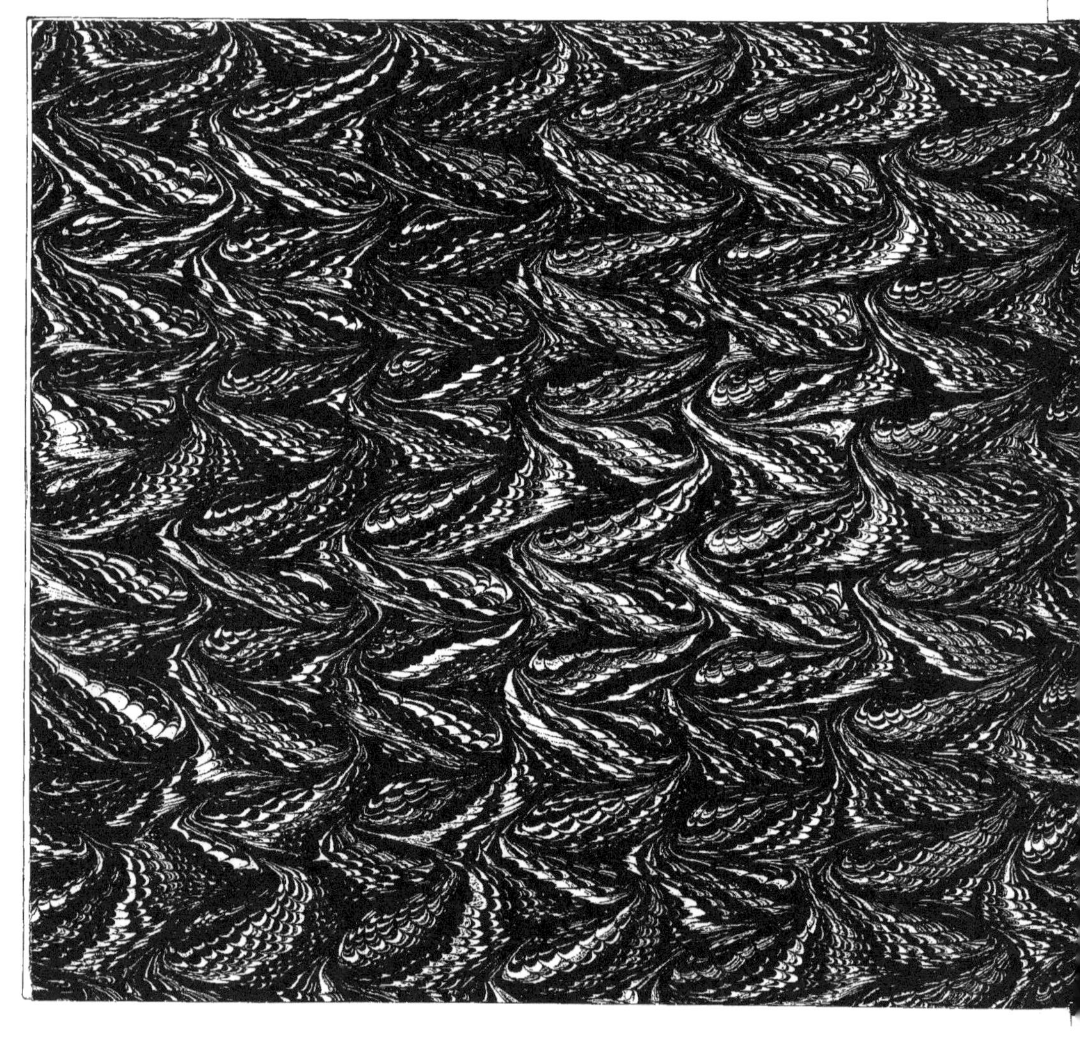

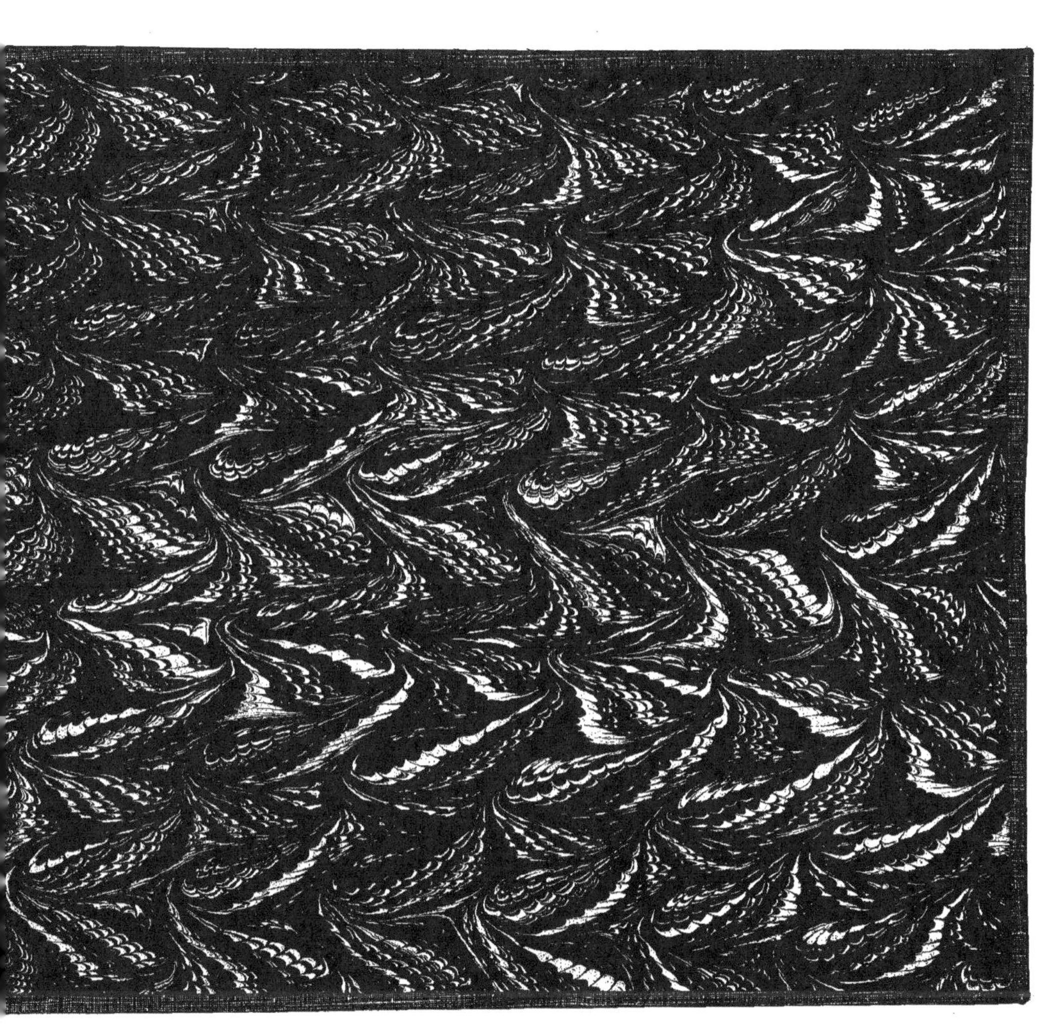

E. LABOUREYRAS
IMPRESSIONS
20, RUE LA BRUYÈRE
PARIS